NIKKEI BP CLASSICS

Sun Tzu
The Art of War

Samuel B. Griffith

TRANSLATOR
Minoru Urushima

技術

フィス

日経BP社

SUN TZU The Art of War,
First Edition
by Samuel B. Griffith

with a forward by
B.H. liddell Hart

The Art of War, First Edition was originally
published in English in 1963
This translation is published
by arrangement with
Oxford University Press

孫子

本篇

孫子の経歴 129
1 計篇 143
2 作戦篇 163
3 謀攻篇 177
4 形篇 197
5 勢篇 209
6 虚実篇 225
7 軍争篇 241
8 九変篇 263
9 行軍篇 277
10 地形篇 297
11 九地篇 313
12 火攻篇 337
13 用間篇 345

補遺

Ⅰ　呉起に関すること　359
Ⅱ　日本の軍事思想における孫子の影響について　415
Ⅲ　西欧の『孫子』　439
Ⅳ　注釈者の略歴　451

参考文献　458
訳者あとがき　463

グリフィス版　孫子　戦争の技術

序文

原理的な軍事思想ほど不変の価値あり

B・H・リデル＝ハート
（軍事戦略家、一八九五－一九七〇）

『孫子』は最も古い戦争論として知られていて、その総合的な見方や理解の深さでこれを凌駕する著作は今日に至るまで現れていない。『孫子』が戦争指揮に関する智恵の真髄を凝縮した内容であることを考えると、*The Art of War*（『戦争の技術』）という書名は秀逸だ。過去の軍事思想家を振り返ってみて、孫子と同列に論じることができるのはクラウゼヴィッツだけだ。孫子より二千年以上も後に戦争論を書いているのだが、それでも孫子より「時代遅れ」であり、ともすれば骨董品のような印象を受ける。言い換えると、孫子の方が鮮明な展望を持ち、深遠な洞察力を備えており、発想の新鮮さは少しも失われることがない。

第一次世界大戦以前の欧州軍事思想の原型となったクラウゼヴィッツの金字塔的著作である『戦争論』（「On War」）が、『孫子』で展開される知見と絡み合ってうまくバランスが取れた影響を及ぼしていれば、今世紀の二度にわたる世界大戦による被害は相当小さくてすんだかもしれない。孫子が説く現実主義と中庸の精神は、クラウゼヴィッツが強調しがちな合理的な理想や「絶対的戦争」とは好対照だ。

クラウゼヴィッツの信奉者は、この「絶対的戦争」では究極的な「総力戦」の理論や実践が展開されるものと理解した。この破滅的な考え方は、「戦争哲学のなかに中庸の原理を持ちこむのは愚かなことだ――戦争とは暴力の極限的表現なのだから」というクラウゼヴィッツの断定によってさらに助長された。もっとも、後にクラウゼヴィッツは「戦争の当初の動機である政治目的は、軍事目的と軍事力の投入量を決定する基準とすべきである」とも認めており、前述の断定を軌道修正している。さらに、合理性を究極まで突き詰めていくと、「手段は目的との関係を一切失うことになる」という結論にも達していた。

　信奉者がこのようなクラウゼヴィッツの軌道修正を軽視し、あまりに浅はかで極端すぎる解釈をしていたのは、クラウゼヴィッツの教えの負の側面といえる。だが、彼自身は信奉者の解釈が間違っていると認めていた。彼の理論はある意味で抽象的過ぎるために、現実的に考える軍人には自分の主張についてこれなくなる恐れがあると考えていたのである。その証拠に、理論的にある方向に行くように見えても、実はそこから引き返すことも少なくなかったからだ。一方、心酔して思考停止に陥った信奉者は、クラウゼヴィッツの生き生きとした魅力的な言葉に目を奪われ、実際には孫子の結論とそれほど違わないクラウゼヴィッツの根本思想に気づくことはなかった。

　本来は孫子の思想の明確さを通じて、クラウゼヴィッツの思想の曖昧さを修正できたのかもしれない。だが、不幸なことに、『孫子』はフランス革命前夜にフランス人宣教師による抄訳の形で紹介されたに過ぎない。十八世紀の軍事思想における合理主義の潮流を考えると、孫子は魅力的だったはずだが、その影響は革命の熱狂的高まりの前に霞んでしまっただけでなく、それに続いてナポレオンが形式に堕した戦術を使う旧勢力に勝利したことで湧き起こった熱狂にかき消されてしまった。

クラウゼヴィッツはこの異常な興奮に包まれた雰囲気の中で思考を始めたが、著作の見直しを終える前にこの世を去った。このため、彼が遺言で予言したように、「終わりなき誤解」にさらされることになった。その後、『孫子』の訳本がいくつも欧州に紹介されたが、当時の軍事関係者はクラウゼヴィッツの熱狂的信奉者の影響下にあったため、この中国の賢人の声が反響を呼ぶことはほとんどなく、軍人も政治家も「長期戦が国家の利益になったことはない」という孫子の警告に耳を傾けることはなかった。

一方、孫子の思想をより的確に説明してくれる新しい全訳が久しく求められていた。人類の自殺行為に等しい大量殺戮兵器となり得る核兵器が発達するに伴い、その必要性は増すばかりであったからだ。それ以上に、孫子の思想を解明する必要に迫られたのは、毛沢東率いる中国が軍事大国として再登場してきたからである。だからこそ、本書の刊行が企画されたのは歓迎すべきことであり、その必要に応えたのは、戦争と中国語、中国思想に精通した学究であるサミュエル・グリフィス将軍である。

私が孫子に興味を抱いたのは、一九二七年春、サー・ジョン・ダンカンから届いた手紙を読んでからのことだ。ダンカンは、蔣介石の国民党による北伐に伴う緊急事態に対処するために、英国陸軍省が防衛軍司令官として上海に派遣した人物である。ダンカンの手紙は、次のように始まっていた。

私は今、とてつもない本を読み終えたばかりです。それは紀元前五〇〇年に中国で書かれた『戦争論』です。本書には貴兄の「水の理論」の応用編を思い出すところがありました。すなわち、「軍隊は水のようなものだ。水は高いところを避け、くぼんだところを探す。水の流れは地形に従う。同じように、勝利も敵方の状況に応じて行動すれば得られる」と説いています。また、この本のもう一つの考え方は、現在の中国の将軍が応用しており、それは「最上の兵法とは、戦わずして敵を屈服させることだ」というものです。

本書を読んで、私と同じ考え方が少なからずあることに気づいた。特に、奇襲や間接アプローチ戦略の追求を何度も強調していることだ。これにより、戦術論も含め、原理的な軍事思想ほど不変の価値があるという確信を得た。

それから第二次世界大戦の真っ只中の約十五年後、蔣介石の教えを受けたという中国の駐在武官の訪問を何回か受けた。彼によれば、中国の陸軍軍官学校では、私の著書やフラー将軍の書物が主たる教科書として使われているという。私は「『孫子』は使わないのか?」と質問した。すると、「古典としては尊重されていますが、青年将校の大半は時代遅れと考えています。従って、近代兵器の時代ではほとんど研究するには値しないと思っています」という答えが返ってきた。そこで、私は「君たちは『孫子』に立ち戻るべき時期にきている」と指摘しておいた。この古典には、私が二〇冊以上の本を書いても論じられないほど多くの戦略や戦術の原理が説かれているからだ。要するに、『孫子』は、戦争論に関する簡明かつ最高の入門書であるだけでなく、研究を深めるほどに座右の書として手放せなくなる一冊なのだ。

まえがき

紀元前一世紀、司馬遷は不朽の歴史書『史記』を完成させた。『史記』によれば、孫武《そんぶ》（以後、孫子）は斉国出身であり、紀元前六世紀、半ば未開の国とされていた呉の国王、闔閭《こうりょ》に自著『孫子』を献上したという。だが、何百年もの間、中国の学者は作り話ではないかと疑問視していた。『孫子』は司馬遷が説明した時代に書かれたはずはないと考える学者が大半なのである。私の研究結果もこの説に同意する。恐らく、紀元前四世紀に書き上げたものであろう。

『孫子』は骨董品として興味を惹く価値があるわけではないが、それ以上の価値がある。深い思想に富んだ包括的な著作であり、その洞察力と想像力の豊かさは他に類例を見ず、中国の軍事思想書のなかでも時代を超えて燦然たる輝きを放ち続けている。

この中国史上初の「戦争論の古典」に、中国や日本の武人、文人の多くが傾倒している。著名な人物としては、三国時代の魏の建国者である曹操《そうそう》（一五五〜二二〇）がいる。十一世紀、曹操の注釈付き『孫子』には唐宋代の一流学者十人による注釈が施され、「公認」版としてまとめられている。十八世紀後半、この注釈本は考証学にも通じた多才な清代の学者孫星衍《そんせいえん》によって改訂され、注釈も施された。それ以降、孫星衍の注釈本は中国において最も権威のある版と見なされており、本書はこの版に基づいて英訳されたものである。

『孫子』が西欧で初めて注目を浴びたのは、一七七二年、イエズス会が北京に派遣したジョセフ・マリー・アミオ神父がパリで仏語訳を出版してからである。その頃はフランスの芸術家、知識人、職人が中国の文芸という新たに登場した世界によって想像力を大いに刺激されていた時代であったが、それもまもなく終焉に向かうところだった。アミオ神父の作品は当時の出版界から好意的に評価され、世の中にかなり出回った。また、一七八二年には『北京イエズス会士紀要』に再録された。近年、中国の編集者が唱える通り、ナポレオンが読んだのはこの再録版であろう。将来の帝王となる若き将校は熱心な読書家であったから、この異彩を放つ書籍を見逃したとは思えない。

『孫子』は、アミオ神父の仏語訳以外にもドイツ語訳が少なくとも一種類、ロシア語訳が四種類刊行されていた。一方、英語訳は五種類あったが、いずれも満足できるものではなかった。一九一〇年に刊行された英国人の中国学者ライオネル・ジャイルズの英語訳でさえ理想にはほど遠いものだった。

孫子は、戦争が「国家の存亡を左右する極めて重要な事柄」であり、そのためには研究と分析が必要であると理解していた。彼は軍事作戦の計画と指揮に関する合理的な根本理論の構築を意図した歴史上最初の人物として知られている。

古代ギリシャやローマの人間とは異なり、孫子は複雑な戦略やその場限りの浅薄な戦術の詳細にはあまり興味がなかった。孫子が求めていたものは、体系的な軍事理論を発展させ、為政者や将軍に頭脳的な指揮を教えて戦争で勝利させることだった。また、有能な戦略家であれば、敵軍を戦わずして屈服させ、敵の城を包囲することなく落城させ、敵国を一滴の血も流すことなく滅ぼせると考えていた。

孫子は、戦闘を武装した兵士間の単なる衝突とは考えず、それ以上に大きな意味を持つものであることを知悉していた。「兵士の数だけで優位に立てるわけではない」と喝破していた。物質的要因より士気、知略、戦争を取り巻く環境要因のほうが重要であり、用心深い君主や指揮官であれば、兵力だけに頼らないことも理解していた。さらに、戦争とは虐殺や破壊が目的ではなく、すべてを無傷のままか、可能な限り無傷に近い状態で勝利することが正しい目的であると考えた。

孫子は、迅速な軍事的意思決定には信頼できる敵国情報に基づいた慎重な計画が役立つと確信していた。彼は経済に与える戦争の影響を正しく認識し、軍事行動を起こせば必ず物価が高騰すると最初に見抜いた人物であることは間違いなく、「今まで長期戦で利益を得た国はない」とも記している。

また、軍事行動には兵站《へいたん》の巧拙が決定的な重要性を持つと見ている。さらに、君主と任命した将軍との関係には特に入念に紙幅を割いている。他の要素としては、有能な将軍の風格、人情味、知性を論じ、組織、作戦行動、指揮、地勢、天候についても説明している。

孫子は、軍隊とはすでに弱っている敵に最後の一撃を加えるための手段であると見なしていた。戦闘状態に突入する前に、スパイが敵国に潜入し、水面下で破壊活動に当たった。例えば、同盟国離反工作、虚偽情報や欺瞞情報の拡散、高官の買収や寝返り工作、社会不安の醸成や激化、反乱軍の育成などの任務を帯びて活動した。このように、スパイは敵情確認のために様々なところで暗躍していたのであり、その報告に基づき、「勝利を前提とした」軍事作戦が策定されたのである。

ソ連の元陸軍参謀総長ボリス・シャポシュニコフ元帥は、勝利の条件は「勝負を事前に決するには敵陣営内で適切な事前工作を施すこと」に気づいた最初の人物というわけではなく、この赤軍の参謀総長は、孫子の「勝利する軍は、士気が失せて敗れている敵を攻撃する」という驚くべき言葉を別の表現で説いたにすぎない。

『孫子』は、中国史全般に影響を与えただけでなく、日本の軍事思想にも多大な影響を与えた。中国では、毛沢東の戦略理論と中国軍の戦術論の根拠でもあった。また、その思想はモンゴル族や韃靼《だったん》族を経由してロシアに伝播するとともに、東洋的伝統の本質部分を担うようになった。かくして、『孫子』は、中国と日本において、軍事戦略を総合的に深く理解したいと願う人々の必読書となっている。

S・B・G（サミュエル・B・グリフィス）

謝辞

本書は、一九六〇年十月、オックスフォード大学に博士号取得要件の一つとして提出した論文を大幅に加筆したものである。

本書の出版準備に際し、草稿を徹底的に読み込んで批評してくれた友人たちから激励と助言をもらった。特に、ベイジル・ヘンリー・リデル＝ハート大尉には序文を寄せていただき、厚く感謝申し上げる。サヴィル・T・クラーク大佐、ロバート・D・ハインル大佐、米国海兵隊、ロバート・B・アスプレイ大尉には貴重かつ重要な示唆を頂戴し、御礼申し上げる。

また、日本の防衛庁防衛研修所戦史室長の西浦進氏には、多種多様な『孫子』日本語版の写しを入手する際にご助力いただき、英文季刊誌『ジャパン・クオータリー』（朝日新聞社）編集部には孫子が女官に軍事訓練を施している絵図の掲載をご許可いただいた。

タイプライターで仕上げた最終稿は、ノーマン・ギブス教授とオックスフォード大学時代の指導教官ウー・シー・チャン博士に目を通していただいたが、賜ったご指摘は有益なものばかりであった。特に、ウー博士の母国の歴史や文学と中国古典に関する該博な知識のおかげで、それまで意味不明だった解釈や示唆が腑に落ちたことも少なくない。

ダーク・ボッデ教授とプリンストン大学出版局には、同教授の英訳版『中国哲学史』（馮《ふう》友蘭《ゆうらん》著）からの引用を、ロバート・ハイタワー教授とハーバード大学出版局には、同教授の英訳版『韓詩外伝』（韓嬰《かんえい》著）からの引用を、ローマ大学のリオネロ・ランチョッティ博士と『イースト・アンド・ウエスト』誌から同博士の学術論文「中国における剣の鋳造と関連伝説」の一節の使用を、C・P・フィッツジェラルド教授とクレセット・プレス社には同教授著『中国文化小史』からの引用をそれぞれお許しいただいた。

ケーガン・ポール、トレンチ、トリューブナー社には『先秦政治思想史』（梁啓超《りょうけいちょう》著）からの引用を、オックスフォード大学名誉教授（中国史）のホーマー・ダブス博士には著書『荀子：古代儒教の総括者』と英訳版『荀子著作選』（両書とも出版社はロンドンのアーサー・プロブセイン書店）からの引用を、アーサー・ウェイリー博士とジョージ・アレン・アンド・アンウィン社には同博士による名訳『論語』からの転載をそれぞれご承諾いただいた。また、インプリメリ・ナシオナル社（パリ）編集部には、フランスの東洋学者マスペロが書いた古典『古代中国』最新版からの引用を認めていただいた。

さらに、ケンブリッジ大学のジョセフ・ニーダム博士には、精力的なお仕事の合間を縫って貴重なお時間を何度も割いていただいたおかげで、古代中国の武器と冶金学に関する技術的問題が明らかになった。同博士には北京の中国科学院に在籍する郭沫若《かくまつじゃく》と顧頡剛《こけつごう》の両博士へのご紹介の労をお取りいただいた。両博士には、『孫子』の成立時期に関する多岐にわたる質問に快く答えていただいた。

ホーマー・ダブス博士とA・L・サドラー氏には古代中国と中世日本における軍隊の指揮や軍事行動について少なからぬ示唆を頂戴しただけでなく、本書の進捗に多大なるご関心を寄せていただいたことに改めて感謝申し上げたい。

本書の翻訳に勘違いや間違いがあるとすればすべて著者の責任である。

米国メイン州マウント・バーノン、ノークロス・ロッジにて

サミュエル・B・グリフィス

INTRODUCTION

I

The Author

著者

序論

何世紀もの間、数え切れないほどの中国の学者が「古典的」時代に書かれた著作を吟味しようと多大なる労力を払ってきた。この「古典的」時代は、孔子が誕生したとされる紀元前五五一年から秦の昭襄王《しょうじょうおう》が周を滅ぼした紀元前二五六年までの間とするのが一般的である。

本書の学術的な成果としては、『孫子』の真正性に関する旧来の説を確認し、あるいはそれ以上に反証していることだ。『孫子』は数多くの一流学者による慎重な研究から免れてきたわけではない。この一三篇にわたる著作の完成時期が『史記』を執筆した司馬遷が考えている紀元前五〇〇年前後ではなく、それよりも後代に完成したはずだという説にほぼ同意する学者は多い。

『史記』にある孫武《そんぶ》（以後、孫子という）の伝記の信頼性に対して、最初に疑いの目を向けた人物は宋代の学者、葉適《しょうてき》である。彼は孫子が実在の人物ではなく、孫子の著作とされる『孫子』も「戦国時代（紀元前四五三年〜紀元前二二一年）*の諸家の説をまとめたものであろう」と結論付けている。その裏付けとして、孫子（司馬遷によれば、呉王闔閭《こうりょ》に将軍として仕えた）の存在について、魯国の左丘明《さきゅうめい》が書いた『春秋左氏伝』（歴史書『春秋』の注釈書）には何も記述がないという事実を指摘する。また、春秋時代の軍隊を指揮していたのは君主、その一族、有力な側近、信頼厚き大臣に限られ、専門職的な将軍が登場するのは戦国時代以降と見ていた**。

したがって、葉適は「首都から軍隊を指揮することは春秋時代には問題にならなかったが、戦国時代以降に難しくなり始めた」と説く。彼と同時代の詩人で政治家の梅堯臣《ばいぎょうしん》（『孫子』の注釈者）も、「これは敵対する者同士が相手を出し抜こうとしていた戦国時代の学説書である」と忌憚《きたん》のない意見を出している。これらの説に対しては、宋代の別の学者が反論しているが、その反論を裏付ける有力な根拠は乏しい。

清代の学者姚際恒《ようさいこう》の『古今偽書考』によれば、『孫子』の真正性には二つの疑問があるという。第一に、（葉適がすでに指摘している通り）『春秋左氏伝』は孫子や『孫子』に一切触れていない。第二に、孫子が本当に楚を打ち破り、首都郢《えい》に侵入するほど華々しい戦果を挙げたのであれば、呉の事情を詳しく説明している『春秋左氏伝』が「圧倒的な戦果」を挙げた孫子の存在を無視したのはなぜかと問わざるをえないというのである。*** 姚際恆は、孫子が呉王闔閭の寵姫に軍事訓練を施したという逸話を信じるに足りない「空想の産物」と断じる葉適の説に同意している。**** 加えて、葉適によるこの逸話に関する「深遠な」評価も好意的に引用している。

だが、それならば、孫子は実在したのか？　たとえ実在したとしても、司馬遷が伝えた人物と同じとは限らないではないか？　孫子の著作とされるこの書籍は本当に孫子本人が書

* 近年の中国の学者によれば、戦国時代は晋が事実上崩壊した紀元前四五三年から始まるという。従来は周の威烈《いれつ》王《おう》が趙、韓、魏の三氏を諸侯に封じたことにより、晋の公室とこの三氏との君臣関係が名目上も消滅した紀元前四〇三年から始まったとする見方が有力であった。

** 紀元前六三六年、晋の軍隊は文公が再編成し、有力な側近に軍隊の指揮を任せた。斉では、君主、後継者、その次男が三軍をそれぞれ指揮した。紀元前五〇六年、呉王闔閭《こうりょ》の軍隊が楚を侵略したとき、これを指揮していたのは宰相の伍子胥《ごししょ》であった。要するに、将軍職は戦国時代に入ってからようやく登場するのである。この見解は『偽書通考』（張心澂編著）九三九ページに引用されている。

*** 『偽書通考』九四〇ページ

**** 前掲書。この逸話は信じられないほど「空想的」というわけではない。中国の歴史は多少脚色が施されているものである。したがって、このような批判は客観的ではなく、無視してよい。

いたのか？　あるいは、後世の信奉者の誰かが書いたものではないのか？　これらのことはいずれも確かめようがないのである。*

清代の儒学者全祖望《ぜんそぼう》も孫子の実在性に疑いを持っていたのであり、孫子という人物や『孫子』という書物は「諸子百家」による作り話であるという葉適の学説に賛同し、この学説によって「何世代にもわたる疑問は解決された」という。さらに、「当然ながら、『孫子』一三篇は優れた兵法書として誰かが書き上げたのである」と付け加えている。**

清代の作家姚鼐《ようだい》（一七三二～一八一五）によれば、孫子は呉に住んでいたか、少なくとも呉を訪れたことはあるかもしれないが、「それでも、この一三篇は彼が書いたものではない」という。『孫子』は後の戦国時代に書かれたものであり、「兵法を研究した人々が書き、孫子の著作とした。それだけのことだ」と断じている。***　近代の一流学者である梁啓超《りょうけいちょう》も『孫子』が戦国時代の作であるという説に賛成し、「この本が説明している戦争の類型、戦術、戦略は春秋時代と関連性があるとはとても思えない」****と指摘している。

現代の哲学研究者馮友蘭《ふうゆうらん》は、自著『中国哲学史』において、古代中国の書物の原著者に関する問題について何度も言及している。例えば、墨子（紀元前四七九年～紀元前三八一年）について次のように記述している。

現在、我々の知る限り、公的な立場ではなく個人的な立場で書かれた最も初期の著作は『論語』であろう。これは孔子の言動を簡潔にまとめた記録である。後年（略）、このような一貫性のない対話の記録から物語風に構成された膨大な記録へと長足の進歩を遂げた。『墨子』は戦国時代の哲学者による著作として素晴らしい成長を見せた最初の作品である*****

……

このように、古代に書かれたとされる著作の成立年代を特定するには、構成のあり方がかなり重要になる。『孫子』に見られる主題別の展開形式は、戦国時代の古典では初めて目にするものだ。

* 前掲書九四一ページ
** 前掲書
*** 前掲書
**** 前掲書
*****『中国哲学史』第一巻八〇〜八一ページ

馮友蘭によれば、春秋時代には「公的な史書などの内容と矛盾する自説を展開した著作を自分の名前で書いた者はいない」*という。昔の学者も同じような結論を出している。例えば、馮友蘭は自説を裏付けるものとして、十八世紀の傑出した歴史学者である章学誠《しょうがくせい》の意見を引用している。

初期の頃、（私的な）著作というものはなかった。役人や教師は文献を保管し、歴史学者は事件や騒動の推移を記録するばかりであった……。教師や学者が自分たちの（個人的な）塾を立ち上げるような奇妙な時代に突入するまでは存在しなかったのである。**

『史記』に記載された孫子列伝の信頼性を主張する学者に賛同する人々は、呉越両国の敵対関係を説明している部分を主たる根拠としており、孫子が呉に住んでいたのは越に滅ぼされる紀元前四七四年以前に違いないと考えている。例えば、『孫子』第六篇によれば、孫子は「越の軍勢がどれほど多くとも、勝利を呼び込むまでには至らない」と予測している。また、その第十一篇によれば、憎み合う間柄でも相互に協力できるかとの問いには可能であると答え、「呉人と越人は互いに憎しみあう間柄であるが、それでも同じ舟に乗り込んで川を渡り、途中で大風に見舞われるならば、右手と左手のように互いに助け合うものだ」と説明している。

だが、これらの部分は必ずしも年代の特定に役立つわけではない。なぜなら、『孫子』が実際よりも古い年代に書かれたと誤読されるように、誰かが故意に挿入した内容かもしれないからだ。要するに、このような年代をほのめかす表現は文献の成立年代を捏造するときに用いられる技術なのである。特に、戦国時代には無名の著者が自分の作品に古典的な重みを持たせようとして盛んに用いられた。

第十三篇の最初の部分では、戦争になれば「農作業に専念できないものは七〇万戸にも達するだろう」とある。ソ連の中国研究者N・コンラッドによれば、『孫子』の著者が生きていたのは、コンラッドが「奴隷」経済の特徴とする「井田制《せいでんせい》」という農業体制が一般的であった時代に違いないという。また、第十一篇において諸侯に言及していることは、『孫子』成立が紀元前七世紀か遅くとも同六世紀初頭の「春秋五覇」の時代のはずだという彼の説を裏付けるものと見ている。コンラッドの説が認められるとすれば、以上のことは従来の成立年代説か

＊前掲書第一巻七ページ
＊＊前掲書

それよりも古い時期とする説の補強材料として興味深い議論であるように思われる。

一方、学者は「井田制」という農業体制の実在性を疑問視している。この制度は周代初期から秦国の商鞅《しょうおう》によって紀元前三四〇年頃に廃止されるまで一部地域で細々と続けられていたにすぎないと批判する学者もいる。中華民国の文学者である胡適《こてき》は、牧歌的な作者が夢想した農業の理想郷を描いたものだと主張している。フランスの東洋学者マスペロは実在したと考えているが、次の通り、秦が滅亡する前に廃止されたという。

……すなわち、秦は複雑な旧「井田制」を最初に廃止し、簡素な農地割当制度に変更した国家である。だが、それは農家八戸や農民による農地所有を認めることではなく、むしろ従来よりも後退した制度であることは明らかであった。*

孟子（紀元前三九八年～紀元前三一四年）は「井田制」の仕組みを説明しているが、学者の間では「孟子の豊かな想像力の産物にすぎない」と疑問視する向きもある。さらに、ある学者は、「これは孟子自身が考え出した理想的な制度であったかもしれない。これほど明快な制度が存在したとは思えない」と書いている。だが、孫子はこの農業体制について間接的に触れているので、実際にその制度が運用されているところを見たか、あるいは書物から知識を得たのは間違いない。

　この「井田制」によれば、田を「井」の字の形に九等分し、中心の一区画を領主のために耕作し、周囲の八区画は農家八戸に与えられる。** 八区画で収穫された農産物は各農家のものと

*『La Chine Antique（古代中国）』（マスペロ著）二六七ページ。『The Book of Lord Shang（商君書）』（商鞅他著、ヤン・ユリウス・ローデウェイク・ドイフェンダック英訳）四一～四二ページおよび注釈一を見ると、オランダの中国学者ドイフェンダックは「井田制」の実在を認めている。同書では、オックスフォード大学のホーマー・ダブス名誉教授は自ら英訳した『The History of the Former Han Dynasty（漢書）』（班固他撰）第三巻五一九～五二一ページで、この制度を「儒家の伝承によれば、この制度は周代に広く行われたものであり、平野は当然ながら他の地形でも均等に区分けされた」と説明している。また、同教授は、理論的には素晴らしい制度のようであるが、実際的には疑わしいように思える、と付け加えている。『孫子』の著者は孟子の著書からこの制度に関する知識を得た可能性がある。中国国民党の指導者であった胡漢民《こかんみん》と廖仲愷《りゅうちゅうがい》も「井田制」を実在したものと見ている。胡適に誘発された学界の論戦は学術誌上で何年も続いたが、根本的な問題は依然として解明されていないのである。

** 当時の農家は奴隷ではなかったが、農奴であった。厳しい身分的支配を受け、組織化されていた。「公私を問わず、農家の生活はすべて領主と個々の役人に管理されていたが、それは農家のためではなく、共同体全体の利益のためであった。毎年播種期と収穫期に農作業に従事することを奨励した役人は例外的であった。他の役人は冬期でも家に閉じこもらずに田畑で農作業することを命じる者もいれば、逆に田畑を離れて家に閉じこもるように求める者もいた。あるいは、それらが混在する場合もあった。また、区分けされた農地は子どもの人数に応じて追加された」『古代中国』（マスペロ著）九五ページ

コンラッドの「奴隷」経済仮説に対する別の反論として、外征をうまく継続させるためには民衆の生活に対する配慮や軍民の士気を維持することが必要であると孫子が理解していることは、農業体制が（本来そのような配慮や士気の維持など必要ないはずの）奴隷制社会のあり方と矛盾しているという指摘がある。

なる。これらの農家のいずれかが強壮な若者一名を徴兵されると、その若者が耕作していた農地は誰も徴兵されなかった農家七戸が作業を引き受けなければならないのはごく当然であろう。したがって、一〇万人が動員されると、「農作業に専念できないものは七〇万戸にも達するだろう」というのである。

だが、「井田制」が紀元前三五〇年頃以前から数百年間も本当に実在するのであれば、漠然とした内容では、書物の年代特定にはほとんど役に立たないことは明らかである。

また、『孫子』が「覇王」という言葉を用いていても、必ずしも「春秋五覇」の時代に成立したことを意味するわけではない。ちなみに、遅くとも紀元前二五〇年頃に成立した韓非著『韓非子』には「覇王とは諸侯の最高位に君臨する存在である」とあるが*、これは『孫子』の「覇王」と同じ意味である。

古代中国では、戦争とは騎士道的な戦いであると考えられていたのであり、戦場でも敵味方の双方が重んじた倫理観が生きていたものだ。『春秋左氏伝』にはこのことを示唆する実例が数多く登場する。だが、『孫子』が成立した時代はこのような倫理観がすでに絶えて久しいのであった。

春秋時代の軍隊は効率の悪い小規模な組織であり、まともな指導者は見当たらず、装備は貧弱であり、軍事訓練もほとんどなく、兵士を補充するという考えもないに等しかった。外征の多くが大失敗に終わったのは現地で食糧を調達できなかったからだ。例えば、紀元前五〇六年、呉の楚に対する侵攻は、楚の都である郢《えい》を制圧したことで完結したが、これは春秋時代全体を通じても極めて珍しい長期戦の成功例のひとつであった。当時、一日で勝敗を決する戦争が多かったからだ。**

もちろん、軍隊が都市を包囲したままで長期間駐留することもあった。だが、このような軍事行動は正常ではなかった。第一に食糧調達などの関係で現実的とはいえず、第二に軍隊の士気は何カ月も維持できるものではなかったからだ。

この『孫子』の著者は、機能的に組織された大規模な軍隊で職業軍人的な将軍がよく訓練された兵士を統率する時代に生きていた。『孫子』第二篇の冒頭部分では、「武具を身につけた歩兵一〇万人」という表現が戦費、兵糧、補給体制などの問題を論じる際に登場する。この規模の軍隊は紀元前五〇〇年以前の中国では知られていない。

*『The Complete Works of Han Fei Tzu（韓非子）』（韓非著、廖文奎英訳）第二巻二四〇ページ
** 古代中国の戦史は決して単純ではない。母国での暴動やクーデターの勃発または敵国の奇襲などにより、外征が頓挫に追い込まれた例は無数にある。

孫子が論じている軍隊は、独立行動も協調行動も可能な戦術部隊で編制されており、鉦《かね》、銅鑼、太鼓、旗、幟《のぼり》の音や動きに対応して行動する。このことを考えれば、春秋時代に徴集された農民兵は軍事訓練を受けていないので、このような軍事行動ができたとは思えない。

孫子が優れた将軍に求めた資質を考えれば、高級将校は旧来の慣例のように世襲貴族にだけ開かれた特権であってはならなかった。孫子が戦場の指揮官と君主の関係に関心を持っていたのは、職業軍人的な将軍の権威を確立することを望んでいたからであろう。第三篇では、君主は軍隊の指揮系統に介入することで軍隊に災難をもたらしかねないと指摘している。また、第八篇では、指揮権を委任された将軍は必ずしも君命に盲従すべきではなく、状況に応じて対応すべきであると説いている。この考え方は従来の思想と完全に異なっている。

第十三篇では、組織、戦費、諜報活動の管理について説明している。孫子は明君や賢将が抜群の戦果を挙げられるのは敵方の情報を事前に入手しているからだと喝破する。これは霊魂や鬼神から手に入るものではなく、過去の事例から類推して得られるものでもなく、あくまでも敵情を知る人物から聞き出すしかないという。孫子の意見は神秘的な占いや予言の徹底的な排除を説くものであり、春秋時代の思想とは相容れない。なぜならば、春秋時代には亀甲や筮《ぜい》竹《ちく》による占いは王室の運命に影響を及ぼす決断の前に必ず行われており、しかも一般的に信じられていたからだ。*

当然のことながら、孫子の戦争論と戦略論と戦術論は、『孫子』成立年代を特定する上で密接な関係がある。戦争は国家にとって極めて重大であり、国家の存亡を分ける問題は徹底的に調べ上げる必要がある。だからこそ、『孫子』第一篇では、最初に軍事力を構成する要素の分析手法を概説しているのである。この篇は「情勢に対する評価（または理解）」を意味する「計篇」と命名され、合理的な説明が加えられている。一方、春秋時代特有の傾向としては、君主が軍事行動を起こすのは、単なる気まぐれや軽蔑や侮辱に対する仕返し、あるいは戦利品欲しさによるものであった。したがって、「計篇」で展開されている考え方は春秋時代のものではないと見てよいであろう。

孫子が筆を走らせていた当時、戦争は危険な政策になっていた。他の手段がすべて失敗に終わった後の最後の一手であった。孫子によれば、最善の策は「敵の策謀を攻撃すること」であり、次善の策は敵国と友好国の関係を断絶させることであるという。要するに、「戦わずに敵軍を屈服させることが最上の戦略」ということだ。これは戦争がもはや自分の裁量でどうに

＊孔子は早くから鬼神の世界を疑問視する立場を表明しており、神秘主義に対する懐疑論者の草分けであることは間違いない。

でもなるような気晴らしではなく、国策として最後の手段になったと孫子が考えていることを示している。

『孫子』で展開されている戦略論と戦術論は、敵を欺くことを基本としている。例えば、敵軍に当惑や勘違いを誘うような偽装工作、間接的な作戦、敵軍の情勢に即応する部隊の運用、複数の戦闘部隊による臨機応変かつ協調的な作戦行動、敵軍の弱点に対する迅速な集中攻撃などがある。このような作戦が成功するためには、抜群の機動性と高い練度を誇る精鋭部隊が必要であるが、そのような部隊は戦国時代以前にはあまり見かけない。

第二篇と第五篇では、弓の一種である弩《ど》に関する具体的な記述が見られる。すなわち、第二篇には「国家の支出についても、戦車は破損し、軍馬は疲弊し、甲冑《かっちゅう》、弓矢、弩《ど》、戟《げき》、楯、櫓《やぐら》……」とある。第五篇には「その勢いは大弓の弩を最大限に張るときのようなものであり、その瞬間は引き金を引く一瞬のようなものである」とある。中国の戦争形態を一変させた革新的兵器である弩が登場した時期は今でもはっきりとしないが、大方の学者は紀元前四〇〇年前後と見ている。弩が初めて文献に登場するのは司馬遷が記述した紀元前三四一年の馬陵の戦いである。この戦いでは、斉の軍師孫臏《そんぴん》が弩を構えた一万人を伏兵に置き、旧知の仲であった龐涓《ほうけん》将軍が率いる敵の魏軍をほぼ全滅させた。第十一篇では、孫子は軍隊の潜在的な瞬発力を説明するために「矢を放つ」という比喩を用いている。

「金」という用語が通貨や「金属貨幣」の総称として広まったのは戦国時代である。[*] 通貨は春秋時代の後半にはいくつかの種類が鋳造されたが、支払手段として実際に流通するまでに相当な歳月が必要だったに違いない。通貨が日常的に利用されていなければ、金属貨幣を指す「金」という具体的な言葉が『孫子』に五回も登場することはないであろう。

「武装した軍隊」を意味する言葉は、第二篇の最初の節に初めて登場する。[**] この表現は春秋時代にはなかった。春秋時代には、「士（戦車に搭乗する貴族）[***]」と直属の家臣だけが漆塗りの皮革や釉薬《ゆうやく》で光沢を出した犀革製の旧式な甲冑を着用していたからだ。一方、歩兵が身につけていたのは、詰め物をした上衣だけである。鮫や動物の革製防具が支給されるようになったのは、かなり時代が下がってからのことである。

孫子は君主を意味する「主」という漢字を『孫子』で一一回使用している。春秋時代の

*『戦国史』（楊寛著）九ページ
**「帯甲」という表現である。
*** 戦時や平時を問わず、戦車に搭乗できるのは「士」だけの特権であった。

頃、この漢字は「領主」や「主人」を意味し、大臣に話しかけるときに用いられたが、「君主」という意味は後年に追加されたものだ。この点は清代の作家姚鼐が指摘している。

第七篇では、「五〇里先の戦場で敵軍に先んじて有利な地を確保しようとすれば、先鋒を率いる上将軍は戦死する」とある。従来の「三軍」を指揮する将軍を意味する上将、中将、下将という用語が一般的に用いられるのは戦国時代になってからである。* また、第十三篇に登場する「謁者《えっしゃ》」と「舎人《しゃじん》」という二つの言葉が、この文脈で用いられるような特別な意味を帯びるのは戦国時代に入ってからである。前者は賓客の来訪を主人に取り次ぐ「侍従」、「応接係」、「案内役」のような官職であり、後者は貴人の家で雑務を担当する「従者」や「護衛」のような仕事を受け持つ。

孫子によれば、戦争で変わらぬものとは物事が常に変わるということだけであり、これを説明しようとして様々な比喩を駆使している。例えば、「五種類の要素の間では常に勝つものがない」という表現がある。これは木、火、土、金、水の五つの要素の関係を哲学的に説明する五行相勝説であり、戦国時代以降に広まっていった考え方である。

ところで、孫子が騎兵のことに触れていないのは重要である。騎兵部隊は紀元前三〇七年に趙の武霊王《ぶれいおう》が乗馬に適したズボンのような胡服を導入して創設したものだ。孫子が騎兵のことをよく知っていれば、『孫子』でも言及しているはずである。したがって、このことは『孫子』の成立年代を紀元前三世紀とするマスペロ説に対する有力な反証である。**

以上の通り、最も信頼できる根拠である本文そのものから得られる証拠に鑑み、『孫子』の成立年代は、紀元前五〇〇年前後とする司馬遷説よりも少なくとも一世紀後（実は一世紀半後のほうが真実に近いであろう）であると考えてまず間違いない。要するに、この史上最古の戦争論は、およそ紀元前四〇〇年から同三二〇年の間に成立したと考えていい。

では、この大歴史家が書いた孫子の伝記は何を根拠にしているのか。孫子の寓話と呉国の関係は何を意味しているのか。中国科学院の顧頡剛《こけつごう》研究員は次のような卓見を示した。

紀元前三四一年、韓の救援のために斉が魏に攻め込んだときは、田忌《でんき》が将軍であり、孫臏は軍師であったと考えられる。その後、田忌が楚に亡命すると、楚は田忌を呉領であった江南の地に封じた。孫臏は江南まで田忌に付き従い、その地で『孫子』を書き上げたとい

＊『戦国史』九ページ
＊＊ マスペロによれば、彼が「小論文」（『古代中国』三二八ページ）や「小品」（前掲書注釈I）と評した『孫子』は紀元前三世紀に成立した偽書であり、孫臏やその「伝説上の祖先」の著作とは思えないという。

う可能性もある。後世の人々は孫臏が春秋時代に生きていたと勘違いして説明し、さらには、呉王闔閭を補佐して楚を侵略した孫子という人物まで作り上げたところ、この孫子の物語が司馬遷の目に留まったという考え方もできるのではないか。*

孫臏が『孫子』を書いたとしても、孫臏が生きていた年代と司馬遷説の著書の成立年代の間に横たわる一世紀半の違いは説明できない。それとも、顧頡剛研究員が考えるように、後世の人々が単純に年代を勘違いしただけの話なのだろうか。中国科学院の郭沫若《かくまつじゃく》博士は「孫子の伝記は信頼できるものではなく、創作であろう。『孫子』は戦国時代に成立したものであるが、著者は不明である。孫臏が著者であるかどうかは判断が難しい」と書いている。**

ところで、『孫子』は戦国時代に生きた無名の戦略家が編集した概説的な教科書かもしれない。例えば、孔子とその門人の言行記録を編集した『論語』のようなものである。馮友蘭が指摘した通り、古典の著者を特定しようとしても容易なことではない。

古代中国では著者の概念は必ずしも明確ではなかった。したがって、戦国時代以前の著作は人物の名前に基づいた書名でも、実際にはその人物の手で書かれたものとは限らない。

当時、著者本人と弟子が区別して書くことは求められていなかったので、現在ではほとんど判別できなくなっている。***

結局、三世紀前に姚際恒《ようさいこう》が行き詰ったように、我々も暗礁に乗り上げたようだ。孫子が実在するのかどうかわからない。彼の著作とされる『孫子』は本当に彼が書いたものか否かも判然としない。これでは、清代の卓越した学者である姚際恒と同じく、『孫子』は「著者不明」の棚に置かざるを得ない。だが、その独創性や一貫した文体および主題に基づく展開から判断すれば、決して断片を寄せ集めたようなものではなく、戦争の修羅場を何度も経験した想像力豊かな一個人の手になるものに違いないであろう。

* 私信に記述されていたものである。
** 私信に記述されていたものである。

***『中国哲学史』二〇ページ。だが、孫星衍（ここ二世紀ほど、彼の注釈本は定本と見なされている）は、『孫子』が孫子の著作であるとして次のように書いている。

思想家の言葉は、その死後に門人や信奉者がすべて記録して書物にまとめられている。だが、『孫子』だけは孫子自身の手で書いたものだ。しかも、『列子』、『荘子』、『孟子』、『荀子』よりも前に成立しているので、本当に古い書物である。

（『偽書通考』九四一ページによれば、これらの書物はいずれも紀元前三世紀に成立したものと考えられている）

II

The Text

本文

現存する『孫子』一三篇の内容は、司馬遷が慣れ親しんだ原本と同じものであろうか。この興味深い問題には決定的な結論が出ていない。それはこの原本に関する当初の記録が多少混乱しているからである。

紀元前一世紀後半、前漢の学者劉向《りゅうきょう》は皇帝の命を受け、宮廷図書館で書物の収集整理に着手した。彼の死後、この仕事は息子の劉歆《りゅうきん》*が引き継いだ。

劉歆が編纂した最古の図書目録『七略』では、孫子による『孫子』三巻一組の存在が記載

*紀元前五三年～紀元二三年

されている。数年後、後漢の歴史学者である班固《はんこ》*は「呉の孫子、兵法八二篇、図九巻」が宮廷図書館にあると記述している。**班固によれば、この書物を兵書に分類したのは劉向の同僚である任宏《じんこう》だという。だが、紀元二〇〇年頃に魏の曹操が編纂したとされる『魏武注孫子《ぎぶちゅうそんし》』序文は、一三篇について触れている。すなわち、不思議なことに、残りの六九篇は司馬遷が『史記』を書いた紀元前一〇〇年頃から曹操が『魏武注孫子』を書いた紀元二〇〇年頃という約三世紀の間に、突然現れて、いつの間にか消えたことになる。だが、本当だろうか。その六九篇は実在したのだろうか。おそらく、もともと存在していなかったのではないか。

この篇数の違いに関しては、いくつか説がある。例えば、この六九篇は『史記』の成立と『漢書・芸文志』に記された八二篇という記録の間に、本文に付加されていった文章や解釈の可能性がある。任宏は原型である本文とそれ以外の文書をはっきりと区別しないままに、孫子の関連資料を収集したのかもしれない。

あるいは、この数字の違いは、古代中国における製本方法に由来するものかもしれない。当時、紙はまだ発明されていなかったので、竹簡や木簡に筆墨で記録されるのが一般的であり、その長さは二〇センチから二五センチ、幅は二センチ前後であった。書き方にもよるが、発見されたものを見ると、一枚に書かれた文字数は大半が一二文字から一五文字であった。簡

（札）の両端には切れ込みや穴があけられたものが見受けられるが、この部分に革紐、絹紐または麻紐を通して簡をひとつに束ねることができる。***この方法であれば、現在の巻物のように文書の章や段落ごとに巻いて保管できたであろう。

『孫子』本文は一万三千字以上に達するから、これを記録するには約一千枚の簡が必要だったはずだ。これらをまとめたものが一巻の「書物」となった。これを広げると、長さ一八メートル以上になり、巻いて運ぶには牛車が一台必要だったと思われる。だが、当時の書物は今日のように章や節ごとに分割されていたので、当然ながらその長さは必ずしも同じではなかった。一ダースの簡もあれば、二〇や三〇以上の簡になることもあった。要するに、これらの書物を写した任宏などの人々は不注意に誤記する可能性があったのであり、八二「篇」が八二「巻」と記録されたのかもしれない。転記ミスはよく起きるものではないが、それならば『七略』に記載された三巻と八二巻の違いをどのように解釈すればよいのだろうか。それは

＊ 三二年〜九二年
＊＊『漢書・芸文志』参照のこと。
＊＊＊ 古文書が散乱した状態で見つかることがあるのは、これで説明できる。紐が腐って竹簡や木簡が分散してしまうのである。

『七略』が指す『孫子』が簡ではなく、絹布に書かれたものである可能性が高いと考えるしかない。

晩唐期の詩人杜牧《とぼく》*は、曹操が本文の「冗長なところを要約して」整理したことによるものだという主張を試みている。確かに、曹操自身も批判を受ける用意があると公言していた。すなわち、曹操はその序文において、当時流布していた言説は「肝心な要旨を失っている」ので、自分はその要点だけを「簡潔にまとめることにした」と述べているからだ。したがって、曹操は本文を編集する過程で後世に加筆された解説や注釈と思われる部分を削除したようだ。おそらく、曹操は様々に解釈された『孫子』の異本を手元に集めて比較検討し、孫子のものであると判断した文章のみをまとめたのであろう。それが曹操の注釈とともに現在まで伝わっているのである。ただし、司馬遷が親しんでいたものと同じかどうかは知る由もないが、本質的な部分は同じと考えて差し支えないであろう。

この『孫子』が紀元前四世紀後半にはかなり知られていたからには、すでに久しく世の中に出回っていたに違いない。秦の商鞅（紀元前三三八年、「車裂きの刑」に処せられる）の作とされる『商君書』第三篇によれば、少なくとも『孫子』の六つの篇が言い換えられて人口に膾炙していたという。** おそらく『商君書』が商鞅の死後に法家の人々が編纂したものであるように、『孫子』にも曹操の言葉や意見が反映されているに違いないと学者は考えている。

韓非《かんぴ》も法家の政治家であり著者でもあった。紀元前三世紀後半にこの世を去ったが、『孫子』に通じていた。『韓非子』「五蠹《ごと》篇」によれば、「『孫子』や『呉子』はどの家にもある」という。*** 「守道篇」では、法家の理想郷では「孫子や呉起《ごき》の軍略が無用となる」と説く。それは天下が彼の提唱する独裁的中央集権国家になれば、戦争が起きなくなるからだ。

荀子（紀元前三一〇年頃～紀元前二三五年頃）も孫子や呉起に言及している。『荀子』「議兵篇」では、趙の孝成王の面前で荀子と楚の将軍臨武君《りんぶくん》が軍事について論争した記録がある。**** この議論では、臨武君が『孫子』の考え方を完璧に身に付けていたことは確かである。彼の主張はほとんど孫子の理論そのものであった。

軍事で最も重要なことは戦力と優位性であり、軍隊の臨機応変な運用変更と敵を欺く戦略

* 八〇三年～八五二年
** 『The Book of Lord Shang（商君書）』二四四ページ～二五二ページ
*** 『The Complete Works of Han Fei Tzu（韓非子）』第二巻二九〇ページ
**** 趙の孝成王（在位紀元前二六五年～紀元前二四五年）

が求められる。軍隊の運用に最も通じた将軍は軍隊を迅速に動かすものだ。その計画は極めて巧妙かつ周到であり、どこから攻撃を仕掛けるのか誰にもわからない。孫子や呉起が軍隊を率いたときには天下無敵であった。*

儒家の荀子は、道徳と倫理に基づいて「仁者の軍隊は欺いてはならない」**と主張し、相手を論破している。だが、荀子は非現実的な考え方をしていたわけではなく、「暴政を終わらせ、危害を避けるため」の軍隊は認めていたのである。***

紀元前二二一年、秦の始皇帝は中国全土を統一すると、法家の側近が有害であると考えた書物を没収して焚書処分するように命じた。この命令は特に孔子と儒家の著作を標的にしたものであり、技術分野の書物などは対象外とされた。秦は純粋な軍事国家に変貌して以降、一世紀以上も経過していたので、『孫子』に関する書物は大切に扱われていたと考えてよい（実際、この焚書命令は後世の儒家が主張するほどには徹底していなかった。命令は必ずしも強制的なものではなかったと見られる。また、紀元前一九一年には前漢の恵帝が焚書命令を廃止した。その後、後漢の光武帝も古代の書物を差し出した者には多くの褒美を与えている）。

紀元前八一年、多くの学者が会議に参加してもらうために首都に呼び出された。最重要議題のひとつは、国内政治の改善策を話し合うことであった。全員一致の結論としては、政府による塩、鉄、醸造酒の専売制度を廃止することであった。昭帝が主宰した政府側と学者側の会議では、この案の是非をめぐって紛糾した。[****] 後年、桓寛《かんかん》がこの議論の記録を「塩鉄論」としてまとめているが、このなかには『孫子』からの直接的な引用がひとつ、言い換えられた文章がいくつか含まれている。これは当時でも『孫子』が重んじられていたことを示す注目すべき証拠といえる。

漢代の学者は『孫子』に関する評価を何も残していないが、本来は多少とも評論が書かれていたに違いない。なぜなら、劉向が活躍していた頃には兵家と認められる思想家が六三人もいたからである。これについては、二三年、前漢から帝位を簒奪した王莽《おうもう》が「六三人の有能で(多彩な)兵家を呼び集めて軍務を担当させた」という話が残っている。[*****]

* ホーマー・ダブス著『Hsüntze : the moulder of ancient Confucianism』(荀子：古代儒教の総括者) 第一巻一五八ページ
** 前掲書一五九ページ
*** 前掲書一六一ページ
**** 『Discourses on Salt and Iron』(塩鉄論)(桓寛著、エッソン・M・ゲイル英訳)
***** 『The History of the Former Han Dynasty』(班固他撰、ホーマー・ダブス英訳) 第三巻四四二ページ、注(213)

二世紀末の魏晋南北朝時代から隋代にかけては、『孫子』の注釈者に関する記録が残っている。曹操以外にも、王凌《おうりょう》、賈詡《かく》、張子尚《ちょうししょう》の注釈が知られているが、現在は伝わっていない。梁代（五〇二～五五六）には少なくとも孟氏《もうし》がおり、その注釈は『十家孫子会注』に記載されている。

唐代（六一八～九〇七）の注釈者では、歴史家の杜佑《とゆう》、その孫の杜牧、李筌《りせん》、陳皞《ちんこう》、賈林《かりん》が尊敬されていた。杜佑以外の四人の注釈が記載された注釈本も出版されている。杜佑の注釈は彼の記念碑的制度史『通典《つてん》』（一四八～一六三巻）にある『孫子』の文章に含まれている。また、『孫子』からの引用は、唐代に編纂された中国最古の著名な百科事典『北堂書鈔《ほくどうしょしょう》』（一一五～一一六巻）のなかに収録されている。

宋代になると、『孫子』に対する関心は高まりを見せるようになり、百科事典『太平御覧《たいへいぎょらん》』（二七〇～三三七巻）に記載されている。この時代には数多くの注釈書が出版されている。例えば、吉天保《きってんぽ》や鄭友賢《ていゆうけん》が編纂した『十家孫子会注』や『宋本十一家注孫子』には、宋代の梅堯臣《ばいぎょうしん》、王皙《おうせき》、何延錫《かえんし》、張預《ちょうよ》だけでなく、曹操、孟氏、前述の唐の四人の注釈も掲載されている。両書の注釈は『孫子』の本文ごとに年代順に記載されている。ちなみに、杜佑の注釈はこれらの注釈書よりも『通典』に多く含まれており、吉天保は自分では「家」の一人とは考えていなかった。「十家」と「十一家」の違いにあまり意味はない。吉天保が編集したものは、後に道教の経典を集成した『道蔵《どうぞう》』に収められた。また、清代の学者孫星衍《そんせいえん》は、陝西省の華陰嶽廟に所蔵されていた『道蔵』を用いて校訂している。

ところで、宋代の『孫子』研究に最も影響を及ぼしたものは「武学（士官学校）」の教科書に定められた『武経七書《ぶけいしちしょ》』である。これは当時の皇帝である神宗（在一〇六八～一〇八五）が編纂を命じたものである。また、神宗は士官候補生に学者の最高位である博士の直接的な指導の下で学問に励むことも命じている。この博士という重要な地位を与えられ、「武学」の最初の校長を任されたのは何去非《かきょひ》である。彼は『武経七書』を教科書に選び、副読本には当時の著名な学者であった施子美《ししび》による『施氏七書講義』を用いた。ちなみに、最も優れた注釈書として評価が高かったのは、やはり曹操の『魏武注孫子』であった。*

元（モンゴル）代（一二七一～一三六八）では、『孫子』の新たな注釈本が一つだけあったらしいが、残念ながら現存していない。だが、モンゴル族が北京から追い出され、明（一三六八～一六四四）が建国されると、今まで中断を余儀なくされていた古典の研究が精力的に再開さ

＊何世紀もの間、曹操は卓越した名将の一人として高く評価されている。

れた。その結果、明代の三世紀の間に、『孫子』に関する評論、注釈書、研究書が五〇以上も発表された。特に、趙本学《ちょうほんがく》の『孫子書校解引類』は名著として刊行を重ねた。

孫星衍は、清代に登場した『孫子』研究の権威である。友人の呉人驥《ごじんき》と協力して書き上げられた著作は、この約二世紀の間、基本資料と見なされており、現代語訳の底本でもある。

INTRODUCTION

III

The Warring States

戦国時代

序論

孔子は中国史上初にして、最大の影響力を持つ至高の思想家であり、紀元前四七九年に没した。紀元前四五三年、晋国の有力氏族であった魏、韓、趙の三氏が、趙氏の本拠地・晋陽《しんよう》で晋国の実権者であった智氏の当主智瑶《ちよう》を倒し、この三氏の間で晋国の領地を分割した。* 智瑶は斬首され、一族も処刑された。その後、趙氏の当主、趙無恤《ちょうぶじゅつ》は以前から憎んでいた智瑶の頭蓋骨の引き渡しを求め、これに漆を塗って酒杯に用いたという。かくして、不幸にも中国は戦国時代に突入していく。当時、周王は小国ながら諸侯に君臨する王者という権威が形骸化してい

＊晋陽は、現在の山西省の省都である太原市である。

た。それまでの数世紀に周代の天子は単なる象徴と化しており、主な役割は暦の制定と天と地と人が協調的な関係を保つことを祈り、供物を捧げる儀式を定期的に主宰することであった。

周王朝の決定的な没落は、紀元前七七〇年に鎬京《こうけい》（現在の陝西省西安市の西南近郊）から東の洛邑《らくゆう》（現在の河南省洛陽市の西郊）に遷都したときから始まる。さらに一世紀半が過ぎると、周の襄王《じょうおう》が晋の文公を「伯（覇者）」として認めるに至り、周王朝の衰微は誰の目にも明らかとなった。

ああ、伯よ！　わが周の文王と武王は偉大であった。二人はその卓越した美徳の扱い方を知っており、その人徳は天に向かって光り輝き、その名声は世の中に遠くまで鳴り響いていた。だからこそ、万事を主宰する神である上帝も文王と武王に天下を引き継がせたのだ。その末裔であるわしをどうか哀れと思い、祖先の祭祀を続けさせよ。わしは王者なのだから、王位をわが子孫に永遠に引き継がせよ！*

紀元前四五〇年頃の中国は八つの大国に分かれていたが、北方の燕と東方の越はそれから二世紀余りも戦乱に明け暮れていたため、戦国時代にはほとんど重要な役回りを果たすことがなかった。他の六大国とは、斉、楚、秦および三晋（魏・韓・趙）である。ほかに一〇以上の弱小勢力も存在したが、いずれも大国の巧妙な策謀によって蚕食され、吸収されていった。

紀元前四四七年、楚は現在の河南省に位置する小国の蔡《さい》を滅ぼし、その二年後には杞を飲み込み、紀元前四三一年には莒《きょ》を侵略した。さらに、紀元前四一四年以降の六五年間にも、六つの小国が歴史の舞台から消えた。強欲に駆られて戦争を頻繁に仕掛ける諸侯もいれば、時には何とか休息を取ろうとする諸侯もいた。素人の農民軍が負けないためには、休戦の時期を設けて定期的に軍事訓練を施すしかないからだ。紀元前四五〇年から同三〇〇年までの一五〇年間において、戦場以外であの世に旅立った将軍はほとんどいない。

この戦国時代は、悠久の中国史の中でも最も混乱した時期のひとつであった。鬱蒼とした森林で覆われた丘、葦の茂みに囲まれた湖、湿地や沼地の多くは、村落を襲撃し、旅人を拉致し、商人から金品を巻き上げる強盗団や殺人鬼にとって絶好の隠れ場所となった。このような無法者には、生き延びるために略奪せざるを得なくなった貧農が多かった。逃亡した罪人、軍隊からの脱走兵、敗軍の将兵などもいた。このすべてが治安当局に対する恐るべき反抗勢力を

＊『Chinese civilization（中国文明）』（マルセル・グラネ著、キャスリーン・E・イネス、メイベル・R・ブレイルスフォード英訳）二五～二六ページ

形成していた。ちなみに、敗れた有力貴族の復讐は、下層家臣で編成された本職の兵士軍団によって行われた。

この頃、通常の道徳的観念を超越した考え方を持つ思想家が何人も出現した。その代表的な人物が墨子（または墨翟《ぼくてき》）（紀元前四七九年頃〜紀元前三八一年頃）である。墨子は、当時の諸侯が精力を注いだ戦争の無益さと罪悪を糾弾した。

巨大な軍隊を動かす季節を考えてみよ。冬なら寒すぎ、夏なら暑すぎるから、夏と冬は軍隊を動かすべきではない。だが、春なら種まきや植え込みができず、秋なら稲刈りや収穫ができなくなる。したがって、どの季節に軍隊を動かしても、無数の人間が飢えや寒さで死んでしまう。軍隊が出陣すれば、弓、矢、羽飾りのついた軍旗、露営用の天幕、甲冑、盾、刀剣の柄の多くはいずれ破損または腐食して使い物にならなくなる。さらに、歩兵用の槍、騎兵用の槍、長剣、短剣、（馬で引く）戦車、荷車も、壊れるか腐り果てて用をなさなくなる。軍馬や荷車を引く牛も、出陣のときには太っているが、その多くは帰陣するときには痩せ衰えているか、途中で死んでしまう。遠方に出征していると、食糧が不足しても供給が間に合わず、死んでいく将兵も数知れない。加えて、絶えず危険な状況にさらされ、飲食が不規則になり、極度の飢えや過食に陥るために病気を患うか、死に至る者も多い。その結果、兵力の大半が失われるか、全滅する。いずれにしても、軍隊は計り知れない打撃を受ける。*

墨子は、戦争を仕掛けることを厳しい口調で批判した。

無辜《むこ》の人間を殺して衣服や槍や剣を奪う罪は、家畜小屋に侵入して牛馬を盗むよりも重い。被害が深刻なほど、罪は重くなる。分別のある人は、他人に危害を加えることは悪いことであり、正しくないことだとわかっている。だが、他国を攻撃するときの殺人は悪いことではなく、むしろ賞賛され、正義の行いと見なされている。これでは果たして物事の善悪がわかっていると言えるだろうか。一人殺せば悪事とされ、死刑になる。同じように、十人殺せば罪は十倍重くなり、死刑十回分に相当する。さらに、百人殺せば罪は百倍重くなる。……少数の黒を見ているときには黒と言いながら、多数の黒を見ると白と言い

*『中国哲学史』九四～九五ページ

立てるような人間には黒白の分別がつけられない……同じように、些細な悪は悪としながら、他国を攻撃するような巨悪は正義の行いとして賞賛するような人間は、物事の善悪を分別できると言えるであろうか。*

こうした考え方は、道徳家の懇請よりも武力による圧迫に弱い戦国時代の君主には受けが良くなかった。しかし、これらの君主が必ずしも野蛮な人間というわけではなく、そのほとんどは贅沢な暮らしに慣れた教養ある人物であった。宮中では豪華な後宮に控える妻妾、舞姫、楽隊、曲芸師、厨房を任された料理人が退屈な日々を慰めてくれる。遊説家は門弟とともに都市から都市を歴訪する。成功した者は馬車に乗って歴訪し、まだ世の中に受け入れられていなければ徒歩で移動するしかないが、いずれも諸国の宮廷で歓迎される。

長年にわたる乱世にもかかわらず、市場は国内だけでなく、諸国間の往来も活況を呈しており、貿易業者や商人は大いに潤っていた。紀元前四世紀頃、斉の首都である臨淄《りんし》には七万世帯が住んでいた。一世帯に家族が一〇人（当時ならば妥当な人数であろう）いるとすれば、この都市の人口は七〇万人前後だった違いない。要するに、臨淄は全国でも最も大きく最も豊かな都市と思われるが、その富の源泉は商業であった。塩、絹、鉄、干物の魚を買いにきた人々は食堂、演芸館、売春宿などで楽しみ、ドッグレース、闘鶏、サッカーのような蹴鞠《しゅうきく》で賭博に興じた。だが、人口の九割を占めると思われる物言わぬ農民には、このような娯楽や贅沢は無縁であった。彼らには労苦と戦争に苛まれる運命しかなかった。田畑で黙々と働き、支配者に服従する日々であった。

この社会では、戦慄するほど厳しい刑法が定められていた。犯罪によっては、死刑や手足を切断するような厳罰が定められており、罪人の多くは宮刑（去勢）、入れ墨、鼻削ぎ、脚切り、アキレス腱切断、膝蓋骨切除などの刑に処された。しかも、このような刑罰は社会の下層民だけでなく、ときには重臣も処罰された。すなわち、少なくとも建前では万民は法の下で平等に扱われることになっていた。だが、これほど過酷な刑法を純粋に学問的な見地から考えるのは、脚切りの刑に処された人間にはほとんど慰めにならないのは間違いない。

当時の政治的な環境は、各分野の自称専門家や特に策士を名乗る人間に才能を発揮する機会を十分に与えてくれた。紀元前四五〇年から紀元前三〇〇年の間、多くの人間が組織的かつ

＊『History of Chinese political thought：during the early Tsin period』（先秦政治思想史）（梁啓超著、L・T・チェン英訳）九七ページ

日常的に殺される状況が続き、戦争は「基本的な仕事」になっていた。*世に伝えられる聖帝時代のような牧歌的な徳の治世を求める主張は、遠い過去の話として捨て去られた。外交の舞台では、贈収賄、詐欺、虚偽が用いられた。スパイ活動や陰謀も盛んに行われた。喜んで汚職に手を染める大臣や野心家の不忠な将軍は、反逆行為に走っても心が痛むことはなかった。

著名な軍人である呉起の生涯は、当時の標準的な考え方を反映している。衛（現在の山東省菏沢《かたく》市）で生まれ育ち、魯で将軍の職を得た。呉起の妻は斉の人間であったが、将軍としての初仕事は妻の故郷・斉に対する攻撃であった。呉起は魯の君主から忠誠心を疑われたため、斉人である妻を殺し、その疑念を払拭した。その後、呉起は嫉妬心に燃える重臣に讒言されて身の危険を覚えたため、魏の文侯のもとへ亡命した。文侯が宰相の李克に呉起の人物を問うと、「強欲で好色な人間ですが、将軍としては有能です」と答えた。そこで、文侯は呉起を採用したところ、抜群の戦績を挙げたので、要衝の地である西河の太守に任じた。後年、魏を離れて楚の悼王《とうおう》に仕えた。紀元前三八四年には宰相に任命されたが、国政の近代化や再編成に着手したため、多くの抵抗勢力から敵視された。このため、紀元前三八一年に悼王が死去すると、呉起は暗殺された。

この動乱の時代には政治と戦争に対する現実的な解決策が求められていた。諸国を歴訪する何百人という諸子は「貴国の危険な状況を考えると、貴軍の弱点が心配でなりません」などと指摘して自説を熱心に売り込み、百家争鳴の議論を果てしなく繰り広げることで、諸国の王侯貴族や名士諸賢を魅了した。** これらの遊説家は、知的な賭博師のような存在であった。すなわち、彼らの助言は一か八かであり、功を奏すれば高位の役職を手に入れることができたが、役に立たなければ胴体を切断され、煮られ、切り刻まれ、牛馬車で五体を引き裂かれるなど無慈悲な仕打ちを受けた。

だが、遊説家に与えられる成功報酬は十分に魅力的だったため、多くの人間が自分の才能を政治、外交、軍事の分野で発揮したくなる誘惑に駆られた。一方、天下を統一し、四海を手中に収めようという野心を抱く諸侯も、遊説家の主張に進んで耳を傾けた。

重要なことは、新たに出現した遊説家が、意外なことに封建的な考え方や制度を弱体化させたことだ。歴訪を重ねる策士は忠誠心が長続きせず、仕官先への愛国心もなく、古代の

* この表現は、秦の孝公の宰相商鞅（商君）が流布させた。商鞅は戦争と農業を「基本的な仕事」と位置づけていたことから、伝統的な歴史家からは非難される。

** 『The Book of Lord Shang（商君書）』九五ページ

任侠精神に縛られることもなく、邪悪で冷酷な裏切り策を提案し、実行した。敵味方双方の君主に内緒で同時に仕え、偽計を仕掛けることも多かった。国から国へと渡り歩き、常に複雑な策略を提案して雄弁に語り、守旧派の排他主義と戦い、国内のすべてが仕官先の君主に服従するような策を考えていた。この策は当面の雇い主になるはずの君主にとって魅力的な餌であった。目的はもはや諸侯の盟主どころではなく、一大帝国を打ち立てることにあったからだ。*

君主の野望は、ギリシャの歴史家プルタルコスが描く君主と同じであった。ギリシャの君主にとって戦争や平和という言葉は、金銭のように野望を満たすのに便利であった。当時の中国で野望を実現するには、陰謀か戦争を仕掛けるしかなかった。戦争とは当時の武力外交に不可欠の要素であり、「国家の一大事である。国民の生死が分かれ、国家の存亡が分かれる道でもある」。戦争に勝利するには、戦略と戦術に関する明瞭な理論および諜報活動、軍事作戦、軍隊の指揮運用、行政手続を貫く実際的な原則が必要である。『孫子』の著者は、このような理論と原則を提供した最初の人物である。

古代中国の国家形成史を見ると、周辺の弱小国を侵略して大国化していくのはよく見られたが、紀元前二二一年に始皇帝が天下を統一して強固な秦王朝を誕生させたことで頂点を迎えた。

興味深いこの時代において、諸侯の数が減り続け、政治権力が集約されていく背景には多くの要因がある。なかでも、製鉄技術の発展は特筆に値する。

鉄の存在は紀元前五〇〇年以前から知られていたが、当時はまだ精錬技術が開発されていなかったため、大変な希少価値があった。呉王闔閭の宝剣は有名な伝説であり、後代の日本の著名な刀匠も、その剣を作り上げた干将《かんしょう》と莫耶《ばくや》の夫婦とその息子の眉間尺《みけんじゃく》（または赤鼻《せきび》）を刀剣の祖としてその足跡をたどっているほどだ。三人の生涯、技術、彼らが鍛えた刀剣はいくつもの民間説話に材料を提供し、最近では古代中国における製鉄の創成期に関する論文も増えている。** これらの素晴らしい刀剣を作り出すには、象徴的な意味で人間の生贄を必要としたが、

＊『China, A Short Cultural History（中国文化小史）』（C・P・フィッツジェラルド著）七〇ページ

＊＊リオネッロ・ランチオッティ博士の興味深い論文「Sword Casting and related Legends in China」（中国における刀剣鋳造と関連伝説）（East and West, Year VI, no. 2 and no. 4, of July 1955 and Jan. 1956 respectively）を参照のこと。

その過程は儀式的であり、創成期に限られていたことが知られている。

呉出身の干将は莫耶と同じ師匠に教えを請うており、二人一緒に刀剣を作っていた。莫耶は干将の妻だった。呉王闔閭は二人に二振りの剣を作るように命じた。干将は泰山など五つの山から鉄の材料、六つの地方から金を集めた。天の時と地の利を伺い、太陽と月が同時に光り輝く時を待ち構えた。すると、その様子を見ようとして百神が降臨し、天上の精気も降りてきたため、剣作りに絶好の条件が整った。だが、鉄と金が溶け合うことはなかった。干将にはその理由がわからなかった。そこで、莫耶が干将に言った。

「あなたは一流の刀匠として名声が鳴り響いていたから、国王も刀剣の作製を命じられたのです。それなのに、すでに三カ月経っても、作業は一向にはかどりません。何かお考えがおありでしょうか」

干将が「どうにもわからないのだ」と首を振ったので、莫耶が問うた。

「不可思議な現象を起こすには、人間が何かしなければなりません。剣を作るには何をすればよいのでしょうか」

干将は考えてみた。

「昔、俺の師匠が鋳造しようとして金と鉄が溶けなかったことがある。そのとき、師匠は奥さんとともに炉の中に飛び込んだところ、金属はようやく溶けたのだ。爾来、刀匠は粗末な衣服に葬儀用の白い帯を締めて山中に入り、気合を入れて炉に金属を投げ込み、刀剣を作っている。今、俺も刀剣を作ろうと山中で同じようにしているが、なぜか金属が溶けないのだ」

「お師匠様は宝剣を作るには人間の身体を溶かす必要があると知っていたのです。何の難しいことがありましょうか」

莫耶はそう言うと、自分の爪と髪を切って炉の中に投げ入れ、童子童女三百人に命じてふいごを吹かせた。すると、金と鉄が溶けてようやく宝剣を作ることができた。陽剣（雄剣）は干将、陰剣（雌剣）は莫耶と名づけられた。……干将は陽剣を隠し、陰剣だけを呉王に差し出した。*


干将の製鉄技術は一〇〇年ほど秘密に保たれていたが、突然、その技術が急速に発展する

* ランチオッティ博士による『呉越春秋』の英訳「Wu Yüeh Ch'un Ch'iu」(East and West, Year VI, no. 2, pp. 107-8) から引用したもの。

ようになった。詳しくはわからないが、この段階では冶金技術の進歩も伴っており、皮革製のふいごが導入され、炉の設計や建設にも改善が見られる。紀元前四〇〇年頃、製鉄業者は数百人を雇い、国家が製鉄技術を独占するところもあった。* ほどなくして、楚や漢が鋳鉄技術を完成させて鉄剣を生産するようになった。例えば、鋼鉄の穂先を持つ楚の槍は「蜂の針のように鋭い」と評判であった。**

この画期的な技術の影響はすぐに明らかになった。同型で高品質な鉄製の武器や農具が大量かつ安価に生産できるようになったため、君主は鋳物工場や兵器工場の建設に力を注いだ。このため、これまで武器や装備を持つことは有力家臣の特権であったが、これからは当然ながら新編成の常備軍や徴集兵が備えるものになった。かくして、諸国の君主は武器や装備を独占できるようになり、自分の野望を実現できる可能性が高まったのである。

大規模な水利工事、城壁建設、住民の登録、徴税を実施しようとすれば、官僚制度の肥大化は避けられない。君主の壮大な計画を実施するには、労働力の徴用と監督が必要である。君主は宮殿、回廊、公園、塔などの豪華さで他国に勝とうとするため、どうしても工事の管理や監督に複雑な問題が生じてしまう。そこで、これらの問題を解決しようとするうちに、組織に関する研究が誕生した。

国家的活動のなかで最も膨張しやすい軍事部門では、高度な管理能力と指導力が不可欠であるが、この二つが同時に発展を見せた。紀元前五世紀半ばまでに、物資の運搬人や荷馬車が何十万にも上る巨大な軍隊が遠征に出発するとき、合理的な運用計画や後方支援が必要とされた。軍事行動がないときには、（現在の中国と同じように）軍隊は公共事業の労役に駆り出された。

この時期は知識人、芸術家、技術者、役人などが自分の能力を驚くほど発揮できる時代の変わり目でもあった。当時の年代記には、大規模な自然災害、戦争、君主や大臣の暗殺、王位簒奪《さんだつ》などが記録され、天下大混乱の状況が淡々と記述されている。「大混乱」という表現は古代社会の最後の残滓《ざんし》まで消えていく激動期を表現するのにふさわしい。百戦錬磨の君主や皮肉

＊ダーク・ボッデ教授は、『史記』刺客列伝の秦王政（後の始皇帝）暗殺を図った荊軻《けいか》に関する議論において、鉄の利用は紀元前三〇〇年頃以前にはそれほど一般的ではなかったという見解を表明している。このテーマに関する最新の学術調査であるジョセフ・ニーダム博士の論文「Development of Iron and Steel Technology in Ancient China」（古代中国における鉄鋼技術の発展について）によれば、鉄製の兵器や道具は紀元前四世紀中頃には使用されていた。だが、刑法の文言が刻み込まれた鉄製の鼎が紀元前五一二年の晋国で鋳造されていたという事実（『春秋左氏伝』魯の昭公二九年）を考えると、中国では相当以前から初歩的な精錬技術と鋳造技術は珍しくなかったと思われる。一五〇年ほどの間にこのような応用技術が世の中に広まったとはまず考えられないからだ。

＊＊『The Complete Works of Han Fei Tzu』（韓非子）（韓非著、廖文奎英訳）第二巻二三五ページ

屋の大臣の下に、諸問題に対する自説を開陳しようとする専門家、思想家、議論好きな学者が大勢押しかけ、戦略や策謀の話で常に大賑わいであった。その後、法家の韓非子が登場し、「二心を持つ偽善的な士人が世を避けて岩穴に住み、自分勝手な学問に走り、深謀遠慮をめぐらしている」と批判した。* もっとも、このような士人が必ずしも岩穴に住んでいたわけではない。

春秋時代、孔子は諸国を歴訪し、武力外交を止め、聖帝の御世のような徳の道に戻れと君主に説き続けたが、耳を傾ける君主はおらず、徒労に終わった。一方、後の戦国時代の遊説家の大半は、平和や有徳の道を熱心に説いても時間の無駄であると理解していた。君主が最も求めていたのは、内政や外交の問題を解決できる現実的な政治手腕であったからだ。昔も今も必要とされるのは同じであり、富国強兵を実現し、現実的または潜在的な敵国を凌駕するための政策であった。

したがって、道徳を重視する道学者は、諸国からほとんど相手にされなかったかもしれないが、陰謀や政略を語る遊説家は政治力が認められると概して恵まれた暮らしを送った。『孫子』の著者も後者の一人であった。実は、孫子は呉王闔閭に仕えながらも有力な後ろ盾を得ることはできなかったが、司馬遷によれば、どこかで支援者を見つけたに違いないという。そうでなければ、孫子よりも平凡な遊説家の言葉がすでに死に絶えたように、彼の言葉が今に伝わっているはずはないからである。

＊前掲書第二巻二三五ページ

INTRODUCTION

IV

War in Sun Tzu's Age

孫子の時代における戦争

序論

紀元前四、五世紀とそれ以前の時代で戦争が質的に変化したことがわかれば、孫子の思想的独創性の真価がよく理解できる。紀元前五世紀頃までの戦争には、儀式的性格が見られた。

例えば、当時の常識的慣習に従い、軍事行動が季節的に禁止される期間があった。播種期や収穫期の数カ月間は戦争が禁じられた。冬は農民が泥で作った家屋で寒さをしのぐほかなく、戦争するには寒すぎた。また、夏は暑すぎた。少なくとも建前では、領主の逝去後数カ月間は喪に服し、戦争を控えることになっていた。* 戦場では、年長者を相手に戦うことは禁じら

＊服喪期間でも必ずしも戦争がなかったわけではない。

れ、負傷者をさらに傷つけることも許されなかった。優しい君主は「町の人間を皆殺し」にせず、「敵を奇襲」せず、「季節を越えて軍隊を維持」することはなかった。有徳の君主は卑劣な欺瞞工作を採用せず、敵に対して優位な条件を不当な手段で手に入れることも望まなかった。*

紀元前五九四年、楚の荘王は宋の首都商丘《しょうきゅう》を包囲したが、長期戦の様相を呈するようになり、食糧が不足し始めた。この状況に鑑み、将軍の子反《しはん》は荘王に「商丘の町を攻め落とせないうちに食糧が底をつくならば、撤退して故郷に戻りましょう」と献策した。一方、宋王は宰相の華元《かげん》に命じ、楚軍の陣営で寝ている子反のところに忍び込ませた。以下は二人の会話である。

子反が「貴国の状況はいかがなものか?」と問えば、華元は「疲弊の極致にあります。親は子どもを交換して喰らい合い、死人の骨を砕いて料理しているほどです」と説明した。「何と! 本当に極限の状態だったのか。聞けば、籠城する側は窮状を隠そうとして、馬に無理やり飼い葉を食べさせ、太らせた馬に乗って敵と相対するというが、貴君は違うようだ。なぜそこまで率直に打ち明けられたのか?」

「君子は相手が困っていると見れば、同情を寄せます。小人は相手が困っていると見れば、大いに喜びます。貴公は君子とお見受けしたからこそ、私も正直にお話しいたしました」

「さようであったか。貴君のご武運を祈ろう。ちなみに、わが軍の食糧はあと七日で尽きるようだ」

その後、子反は荘王に華元とのやり取りを報告した。荘王は「宋の現状はどうであったか」と尋ねた。

「彼らは限界に近づいています。親は子どもを交換して食べ合い、死人の骨を砕いて料理しているほどです」

「ああ、そこまでひどいのか。そうであれば、あとは攻め落として撤収するだけだな」

「それはできません。華元にはわが軍の食糧はあと七日分だけだと伝えてあります」

荘王はそれを聞いて激怒し、「なぜそんなことを教えてしまったのだ！」と難じた。

＊『The History of the Former Han Dynasty』第一巻一六七ページ。愚かな例としては、紀元前六三八年の「宋襄の仁」と呼ばれる故事がある。これは宋の襄公と楚の成王が泓水《おうすい》（現在の河南省商丘市柘城県）で激突した戦いである。楚軍が川を半分ほど渡った頃、宋の宰相が「敵が川を渡り切らないうちに攻撃しましょう」と進言したが、襄公はこれを退けた。楚軍はすべて川を渡り切ったが、まだ陣形が整っていないとき、宰相が再び攻撃を進言した。ところが、襄公は「貴公もしつこいぞ。君子は相手の弱みに付け込んで攻めたりしないものだ。敵が陣形を整えるまで、こちらから攻撃してはならぬぞ」と進言を無視した。結局、襄公はこの戦いで負傷し、宋軍の惨敗に終わった。この故事に関連して、毛沢東が「我々は宋軍ではない」と何度も言及していたことはまことに興味深い。

「詐術を潔しとしない立派な臣下が宋のような小国に今でもいるならば、わが楚のような大国は彼らを滅ぼしてよいものでしょうか」

「いや、やはり落城させてから引き揚げることにする」

「わかりました。では、閣下はここにお残りください。私は国に戻ります」

「待て。お前が戻るならば、誰とともに戦えばよいのか？　わかった、お前の望むようにわしも撤退しよう」

君子は和睦をよしとする。華元は子反に事実を率直に話したことで包囲陣を解かせ、両国が対決しないように導いたのである。


遊説家や君主は、正しい戦争と正しくない戦争を分けて考えた。開明的な諸侯は「邪悪で腐った国」に対する攻撃、野蛮な国に対する文明化、悪意ある欺瞞に対する処罰、崩壊途上の国に対する即時対処について道義的な正当性を主張した。このような懲罰は天意に基づき、君主本人または君主の特別代理人である大臣が適宜加えた。いくつかの小隊をまとめる指揮官は、世襲貴族が担当した。軍隊内部の序列は、封建社会の階級を直接反映するものであった。マスペロはこのことを「紀元前五七三年から一世紀以上もの間、秦の中軍は、いくつかの有力貴族だけが指揮権を握っていた」という興味深い研究で説明している。*

中世ヨーロッパの徴募兵が私設軍であったという意味で、古代中国の軍隊も私設軍であった。君主が要請すれば、各貴族は（馬で引く）戦車、馬、荷馬車、牛、武装した歩兵、馬の飼育番、料理人、荷役などを差し出すことになっていた。この寄せ集め軍隊の実力や性格は、領地の大きさによって千差万別であった。貴族の数も数十から数万までと幅があり、控えめに表現しても、指定された場所に集合した軍隊の顔ぶれはまことに種々雑多であった。農民は牛や馬よりも利用価値がはるかに低かったので、農民の待遇はほとんど考慮されなかった。当時の戦場では、無知で従順な農民はあまり役に立たず、御者が操る馬四頭立ての戦車、槍兵、貴族の弓兵が主役として活躍した。消耗品扱いの歩兵を守ってくれるものは詰め物をした防具ぐらいであり、通常は戦車に随伴した。ごく一部の精鋭の兵士でも、竹を編んだ盾か粗製の牛革や犀革製の扱いにくい盾を携えるのが関の山であった。武器には、短剣や短刀、青銅の穂先がついた槍、革ひもで鉤《かぎ》や切刃《せっぱ》を結びつけた木製の柄などを使用した。弓矢は貴族の武器であった。

＊『La Chine Antique』二六五ページ、脚注Ⅰ

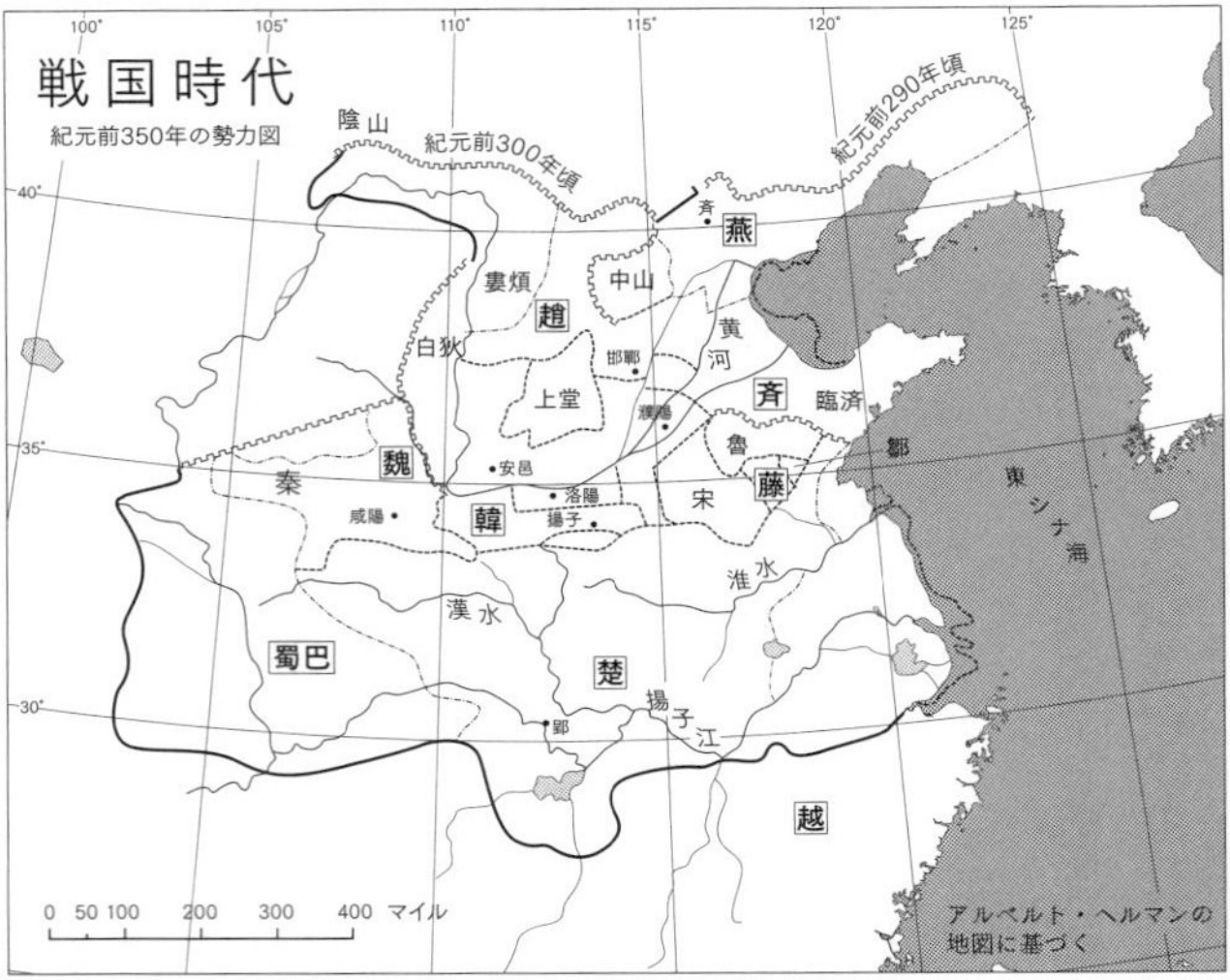
戦国時代
紀元前350年の勢力図
陰山
紀元前300年頃
紀元前290年頃
斉
燕
中山
婁煩
趙
白狄
邯鄲
黄
河
上堂
濮陽
斉
臨済
魯
魏
安邑
秦
洛陽
宋
藤
鄒
東シナ海
咸陽
韓
揚子
淮水
漢水
蜀巴
楚
揚子江
郢
越
0 50 100 200 300 400 マイル
アルベルト・ヘルマンの地図に基づく

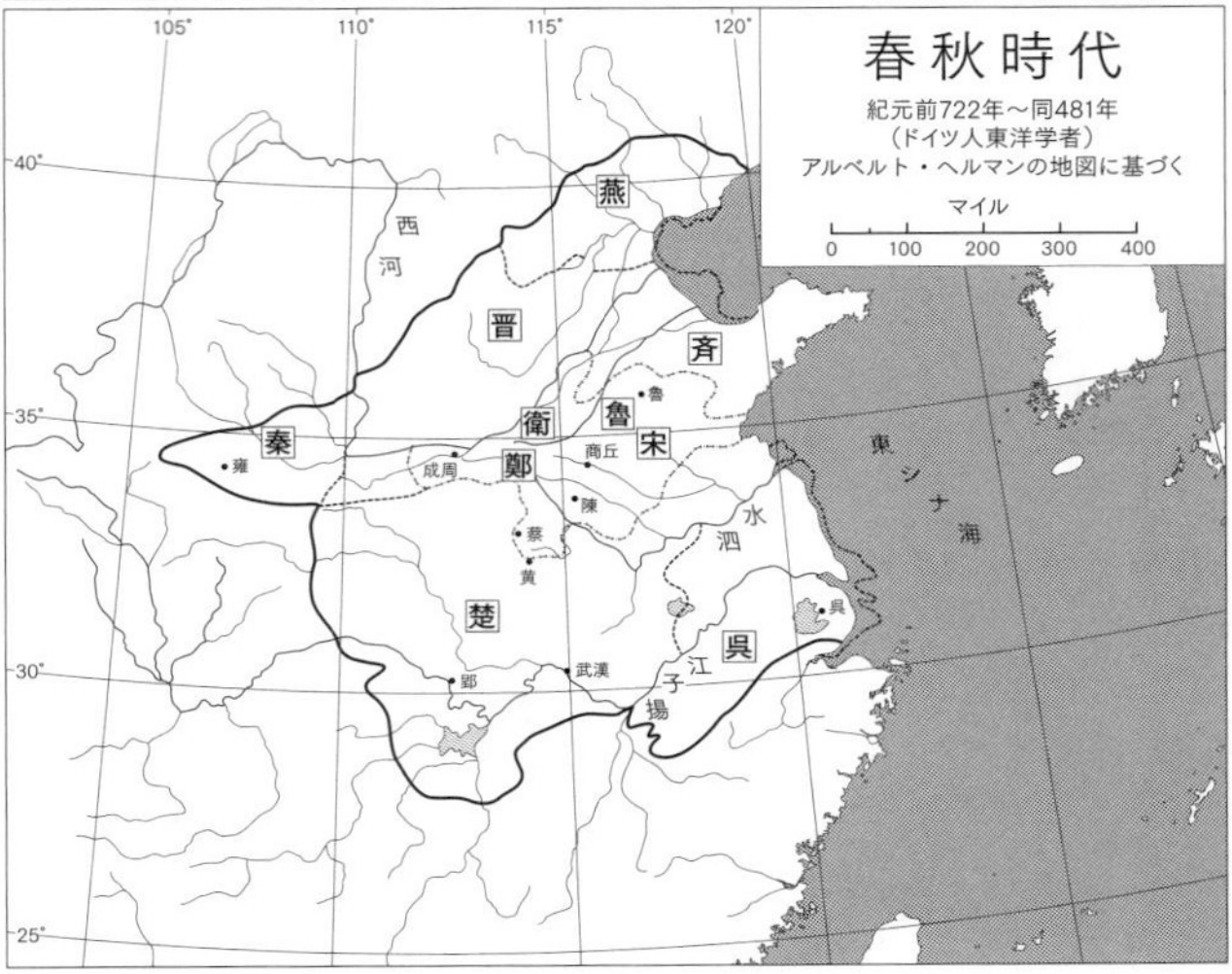
春秋時代
紀元前722年～同481年
（ドイツ人東洋学者）
アルベルト・ヘルマンの地図に基づく
マイル
0 100 200 300 400
燕
西
河
晋
斉
魯
魯
衛
宋
秦
雍
成周
鄭
商丘
陳
蔡
黄
泗
水
東シナ海
呉
呉
楚
武漢
郢
江
子
揚

戦車に向いた地形は、戦争の形態に制限を加えていた。別言すれば、戦術が進歩することを妨げていたのである。また、封建的な社会構造のために、職業的な軍人になれるのは貴族だけであった。

古代中国の戦闘は原始的な乱闘であり、大抵、決定的な結果を生み出さなかった。一般的には、一方の軍が敵地で数日間野営し、占い師が戦いの吉凶判断に集中し、双方の指揮官が償いの生贄を捧げる。占い師が選んだ幸運の瞬間に至ると、全軍は天も震えよと雄叫びを上げ、敵軍に突進を始める。戦闘の勝敗は短時間のうちに決まる。攻撃側が撃退されて撤退となれば終わるが、逆に防御側の陣営を撃破すると、抵抗する将兵を殺し、逃亡した残余の兵力を多少追跡し、価値のあるものならば何でも手に入れ、その後帰陣するか帰国の途につく。だが、全面的な勝利に至ることはほとんどなく、限定的な戦闘が限定的な目的のために展開された。

ところが、紀元前五〇〇年直前になると、牧歌的な考え方が変容し、戦争が残虐な様相を呈するようになった。例えば、紀元前五一八年、呉と楚の戦いでは戦慄するような凄惨な光景が現出した。呉王僚《りょう》は三千人の死刑囚に対し、自軍の最前線に進み出て一列に並び、敵軍の面前で自らの喉を切り裂くように命じた。これを見た楚軍と同盟軍将兵は恐怖のあまり逃げ出した*。

孫子が世の中に登場する頃、封建社会は崩壊寸前にあり、有能な個人に門戸を大きく開く新しい社会が到来しようとしていた。この社会的移行は緩やかなものであったが、軍隊を含め様々な分野で見られた現象であり、創造性や進取の気性に富む人間には報酬が与えられた。

従来の一時的な召集制度では信頼性と効率性の面で問題が多すぎたので、大国は職業軍人を指揮官とする常備軍を立ち上げ、農民の徴兵制度を導入するようになった。この新たな軍隊は訓練の賜物として統制が行き届いた兵士で編成され、一六歳から六〇歳までが徴兵の対象であった。これらの軍隊で先頭に立つのは、勇気、技術、練度、忠誠心の面で特別に選抜された精鋭部隊か突撃専用部隊である。

このような軍隊が出現したのは、紀元前五〇〇年頃である。例えば、墨子は七年間訓練を受けた呉王闔閭の精鋭部隊が三〇〇里（約一五〇キロメートル）を休まずに行軍したことを興味深く記録に残している。楚の守備隊は甲冑と兜を身につけ、大型の弓である弩と一五本の羽矢、特別な矢じり、剣、三日分の食糧である干飯を携帯していた。また、この頃から軽歩兵も登場するようになった。常備軍がこのような兵士を織り込んで編成されるとともに、戦争はもはや季節的な制限を受けなくなった。軍隊は連絡を受けるとすぐに出陣できるため、潜在的な敵国は常に脅威を覚えるようになった。

個人としての武勇によって得られた名誉をもつ勇者や戦士が活躍する時代は終わった。封建社会の特徴である緒戦における勇者同士の果たし合いが依然として行われることもあったが、これを許さない将軍もいた。

呉起が秦と一戦を交えようとする直前、一人の戦士が武勇を抑えきれず、いち早く飛び出し、敵方の首を二つ討ち取り、意気洋々と戻ってきた。ところが、呉起はこの戦士を打ち首にせよと命じた。側近は、「この者は有能な武官です。処刑すべきではありません」と諫めた。呉起は「有能であることはわかっている。だが、命令に従おうとせぬ」と断じた。その結果、この戦士は斬首に処された。**

戦闘は命令に従って動くものとなった。勇者が賞賛された時代は幕を閉じ、臆病者が逃亡

*『春秋左氏伝』魯の昭公二三年（『The Chinese Classics』（中國古典名著八種）ジェームズ・レッグ英訳、第五巻、第二分冊、六九六ページ）。この出典では、死刑囚が自らの喉を切り裂いたとは記述しておらず、同盟軍に猪突猛進したと記すのみである。おそらく、この逸話は左丘明が信頼していた後の年代記作者が脚色したものだろう。

**『孫子』第七軍争篇一八の杜牧の注を参照のこと。

することも許されなくなったのである。

新しく編成された軍の部隊は、詳細な計画に基づいた協調行動が求められ、組織的な指示に対応できるようになっていた。戦術という科学（または技術）が誕生したのである。「正」（伝統的）の兵力は、「奇」（非伝統的、独特、珍奇な、不思議）の兵力に及ばない。なぜなら、通常の場合、「正」の兵力は陣形の維持や固定化に努める。だが、「奇」の兵力が敵陣の側面や背後に打撃を加えると、「正」の兵力は対応できないからである。さらに、「奇」の兵力にとって敵の戦力を分散させることは極めて重要であるが、敵軍の意思疎通を混乱させることも主要な軍事目標となった。

当時の戦術の詳細に関する興味深くも重要な問題は不明なことも多いが、少なくとも時間と場所の要素を厳密に計算していたことは判明している。例えば、中国人は選定した目標地点に複数の小隊を予定時刻に集合させる技術をすでに孫子の時代に習得していたのである。また、「幕僚」という考え方も戦国時代に編み出されている。幕僚には、天気予報、地図作成、兵站、トンネル掘り、鉱物採掘、渡河、上陸作戦、水攻め、火攻め、煙攻めなどの専門家がいた。

軍隊の中核はよく訓練された専門家で構成され、少なからぬ投資対象であったため、士気、将兵に対する十分な食事、明確な信賞必罰、公平な処遇などに格別の配慮を払う必要があった。このようにして、指揮官の命令一下、火の中、水の中にも飛び込むように部隊の忠誠心を育んだ。顕著な働きを示した兵士には褒美と出世が約束された。このような状況の変化は軍隊内における世襲貴族の地位を徐々にではあるが、容赦なく脅かすようになった。

おそらく戦闘における共同責任の原則は、この時代に生まれたと思われる。退却命令がないのに退却した大隊や中隊の指揮官は斬首された。部隊は撤退したが、指揮官が残留して戦い続けた場合、指揮官を置き去りにした部隊の四人は即座に斬首された。だが、軍隊の掟の厳しさが広まったことは一歩前進だった。この掟を必要以上に厳しく言い立てる将軍はいたが、恣意的な暴力で抑えつけても、部下が戦う気になるかどうかは別問題であることは知られていた。軍隊の職業化によって実力主義に門戸が開かれたことにより、将軍や将校は今まで部下に加えてきた残酷すぎる懲罰や不必要な虐待を多少とも抑制するようになった。

もちろん、紀元前四世紀の将軍がすべて実力主義でその地位を得たわけではない。だが、この時代になると、実力さえあれば貴族出身でなくても指揮官クラスに昇進できた。すなわち、正式な任官式で最高司令官の象徴である戦斧《せんぷ》を授かり、首都以外では最高権力を与えられ、その瞬間から軍隊の運用と軍事作戦の責任者となり、国境を越えると、君主の命令を無視することもあった。ただし、将軍が自分の部下を扱うときには軍法に従った。

中国の戦争は、技術の進歩によって劇的な変化を遂げた。例えば、相手の刃を捕らえて離さずにいられる高品質の鉄剣や弩の導入が特に重要であった。弩が登場するまでに長年よく使用されていたのは、殺傷力を高めるために複数の材料で作られた複合短弓であった。*弩は中国人が紀元前四世紀初頭に発明したものであり、ギリシャやマケドニアの丸い盾でも笊《ざる》のように無数の穴を開けてしまう重い矢を発射したのだから、訓練された弩の射手が戦車を戦場から追い出すことになったのも不思議ではない。

孫子が熟知している軍隊は、剣士、弓兵、弩兵、槍兵（または鉾槍兵）、戦車で編成されたものである。騎兵隊はもう少し後に出現するが、鞍や鐙《あぶみ》をつけずに馬に乗る兵士は偵察兵や使者として用いられた。歩兵の武器は二種類の槍である。ひとつは長さ約五メートル、もうひとつは同三メートルほどであり、その槍頭には鉤型の鎌や刀剣がついている。中国には短距離用で低い軌道を描き、驚くべき正確性と打撃力を備えた弩があるので、槍が飛び道具として用いられることはなかった。

戦場での作戦指揮は、濠《ほり》をめぐらし、土を突き固めた壁で四方を囲む中国の城壁都市のような要塞化された陣地で行われることが多い。東西南北に交差する道や広場には松明《たいまつ》の火の列がずらりと並び、中心部に位置する司令部には最高司令官の旗幟がはためき、それを装飾が施された参謀の天幕と精鋭の護衛部隊が取り囲んでいる。

軍隊は進軍前に集合し、将軍が戦争の大義を叫び、残虐非道な敵軍を激しく非難する言葉を聴く。高らかに鳴り響く陣太鼓を聞きながら、将校は出陣を祝い、誓願を交わす。将兵は酒を飲み、剣士の舞を見ているうちに武勇を鼓舞され、興奮は高まるばかりである。

戦国時代の陣容は、息を呑むほどに壮観である。兵士は整然と並び、豪華な刺繡を施した無数の旗や幟が風になびいている。虎、鳥、龍、蛇、鳳凰、亀などの姿を織り込んだ旗幟は、中央部の後方にいる最高司令官の司令所を示すが、副官の旗幟は軍隊の左翼と右翼を指揮するためのものである。切れ目のない作戦行動は敵の耳目を混乱に陥れるだけでなく、敵陣の側面や背後に奇襲攻撃を仕掛ける機会も得られるのである。

＊タタール弓とも称し、周に打倒される前の殷（商）の人々が使用していたものだ。この頃からすでに角、腱、木材など複数の材料を張り合わせた複合弓であったかどうかは不明であるが、後年の弓は複合弓であり、張力は約五〇キロを優に超す（ときには七〇キロ前後）設計であった。西欧で通常用いられていた単弓よりもはるかに殺傷力の強い弓であったことは明らかである。また、中国人は弾弓も用いたが、主に鳥の狩猟用であったようだ。

孫子が説明する軍隊組織では、行軍の陣形に相当な柔軟性を認めており、分隊が相互に連携することで戦闘に適した陣形を素早く整えることができた。五人編成の分隊ならば、縦列でも横列でも行進できたのは明らかである。では、兵器の担当はどうなっていたのか。弩兵や弓兵は独立部隊として編成されていたのか、あるいは二人組や三人組という形で分隊に組み込まれていたのか。この問題に関する限られた資料によれば、紀元前三四一年に魏と斉が激突した馬陵の戦いの頃には、弩兵は別働隊として動いていたようである。

弩や弓の有効射程距離に関しても信頼できる資料が見当たらず、記録に残された数字は疑いの目で見る必要がある。例えば、弩は矢を五〇〇メートルも飛ばしたというが、殺傷力を基準に考えると誇張しすぎであろう。貫通力は何百メートルも離れた地点から射た矢が貫いた盾の枚数で測定される。だが、このような測定に使用された盾の種類については正確な説明がないので、資料的価値はほとんどない。それでも、弩が強力な武器であったことは間違いない。

攻城作戦が洗練された段階にまで達していたことは、墨子が手がけた様々な種類の城壁都市攻撃用特殊装置などの残存物でわかる。また、攻城梯子はすでに墨子の時代の数世紀前に使用されていた。トンネルを掘る兵士の防護用に設計された移動式「亀」のように、何層も重ねた移動式の攻城塔は中国最古の詩篇である『詩経』に登場する。*

攻城作戦については、『商君書』にも記述がある。すなわち、城壁都市が包囲された場合、総動員体制が敷かれ、三つに分かれる。まず、強壮な男子で編成された軍は十分な食糧と鋭利な武器を帯びて敵軍を待つ。次に、身体が丈夫な女子は土木作業を担当し、穴を掘り、濠をめぐらす。最後に、子どもや老人および非力な男女は食事、水汲み、家畜の世話を担当する。**

『孫子』では、諜報活動、偵察、側面警戒、駐留時や行軍時の様々な防衛措置に関する原則が説かれている。敵軍の偵察や分析は、戦闘準備作業として不可欠なものである。

かくして、紀元前四世紀初頭またはその数十年前までに、中国の戦争はすでに成熟した段階に到達していた。騎兵の登場を除けば、戦争形態はその後何百年間もほとんど変化することがなかった。当時の中国人は武器を保有し、攻撃と防御双方の戦術と技術に熟達していたのである。したがって、もしもアレクサンドロス大王が中国人と戦っていたら、ギリシャ人、ペルシア人、インド人との戦いよりも多大な労力を費やすことになったであろう。

＊『The Chinese Classics』（中國古典名著八種）第四巻、第二分冊、第三分冊、四五五ページ
＊＊ 当時の攻城作戦や防御態勢に関しては具体的な情報がほとんどないので、一般的な説明しかできない。

INTRODUCTION

V

Sun Tzu on War

孫子の戦争論

序論

『孫子』冒頭は、孫子哲学の基本的な問題認識から始まる。戦争とは国家の一大事であるから、徹底的に検討しなければならないという。これは歴史上初めて示された考え方である。すなわち、軍事対決は一時的な異常行動ではなく、何度も繰り返される意識的な行動であるため、合理的な分析が可能であるということだ。

孫子は、人間の道徳的な強さや知的な能力が戦争の行方に決定的な影響を及ぼし、これらが戦争において発揮されるなら一定の勝利をもたらすに違いないと考えていた。決して無謀あるいは無責任に戦争を始めてはならない。開戦を決断するのは、確実な勝算が得られた場合に限る。勝利する王者は、敵の計画を阻止し、その同盟関係を破綻させ、君主と大臣、諸侯と臣下、指揮官と部下の関係を悪化させ、間諜（スパイ）や工作員をどこにでも潜り込ませ、情報を収集し、紛争の種を仕込み、政権転覆の素地作りに注力する。その結果、やがて敵は周囲から孤立し、戦う気力も衰え、抵抗する意志も萎えてしまうのである。

かくして、戦うこともなく、敵の軍隊は降参し、都市は奪われ、国家は崩壊する。だが、このような手段を用いても屈服させられなかった場合に限り、戦争に訴える。そのときは、

(a) 可能な限り短期間に、

(b) 最小限の人員と戦闘で、

(c) 敵の死傷者も最小限に抑える。

孫子によれば、戦争で勝利するための最も重要な条件は、国内の一致団結であるという。この条件を満たすのは、民衆の幸せを考え、抑圧することのない国家だけである。清代の学者孫星衍《そんせいえん》は、孫子の主張を「仁愛と正義」に基づいたものと見ているが、もっともなことである。

同盟国の有無、敵国の国内不和と軍の低い士気とは対照的な銃後の団結と安定、軍の高い士気といった直接的な政治的文脈と戦争を関連付けることで、孫子は彼我の国力を合理的に評価する現実的な理論を確立しようとした。戦争に影響を及ぼす精神、士気、戦力、政治状況に

関する孫子の理解には驚くほど鋭いものがある。これらの問題をはっきりと論じた人物は、欧米の著名な軍事専門家も含め、二千年以上前の人物である孫子以外にはまず見当たらない。孫子は軍隊を、両国間の対立を解決する最後の切り札であると最初に認めた人間ではなかったかもしれないが、戦争という概念を適切に理解した最初の人間であった。

また、戦争の経済的な意味にも注目していた。インフレーション、軍の損耗率、物資の供給不足、民衆の経済的負担などに関する記述を見れば、その重要性を認めていたことがわかる。実は、これらの要素はごく最近までほとんど無視されてきたのである。

孫子は現在の用語でいう「国家戦略」と「軍事戦略」の違いを正確に区別していた。これは『孫子』第一篇において国力の比較分析を論じていることでも明らかである。具体的には、霊廟における会議では、人間的要素（内政と将軍）、物理的要素（地勢と天候）および法の五要素について熟慮しなければならない。まずこれらの要素が敵よりも明らかに上回っていることを確認し、次に将兵の人数（孫子はそれほど決定的な要因であるとは考えていない）、軍隊の士気や練度や賞罰実施の明確さを比較検討する。

孫子によれば、軍事行動の目的は敵国の軍隊を全滅に追い込むことではなく、都市や農地を破壊することでもなかった。また、武器は不吉な道具であり、他に選択肢がない場合に限り、やむを得ず用いられるべきものであった。

孔子は、門人の子路《しろ》から戦争について尋ねられたことがあった。

「先生が大軍を指揮する立場ならば、どなたを副官になさいますか」

「虎に素手で立ち向かい、河を歩いて渡るような命知らずの男は願い下げだね。やはり事に当たっては慎重に構え、戦略を立てた上で成功に導くような男を選ぶよ」*

戦争とは敵を欺くものである。有能な将軍は擬態と偽装の技術に長じている。敵を混乱させ、惑わせる状態を作り出し、本当の計画や目的を隠し通すのである。例えば、実行可能な軍事行動でも、不可能なように見せかける。目的地に近づいているのに、遠く離れているかのように見せかける。逆に、目的地から遠く離れているのに、実際には近づいているかのように見せかける。星夜の影のように漠として察知されにくく、目に見えず、耳に聞こえないように動く。主たる攻撃目標は、敵の指揮官の心である。敵将は自軍のほうが優勢であるかのように思っていても、それは想像の産物にすぎない。孫子は、戦争の準備段階では敵軍に対する心理作戦が不可欠であるとわかっていたのである。

優れた将軍は目的地に向けて単純に直行することはない。遠回りの迂回路を選べば、千里の遠征でも、敵軍に遭遇することも知られることもなく目的地に到着できる。このようにすれば、作戦行動を自由に組み立てることができる。有能な将軍はこの行動の自由を重視し、軍隊が動けなくなることを避けようとする。したがって、他に選択肢がない場合を除き、敵の城《じょう》邑《ゆう》を攻撃することはない。攻城戦は人命と時間の無駄であり、主導権を失う恐れもあるからだ。

賢明な将軍は騙されない。退却する場合、迅速に動くので敵軍に追いつかれることはない。緩慢に退却するときもあるが、それは敵を誘い出して陣形を混乱させ、決定的な反撃によって有利な状況を作り出すのが目的である。退却すれば守勢に回っているように見えても、実は攻撃の一環なのである。戦場では、迅速な行動が勝敗を左右する。驚異的な速さで行軍し、電撃的に急襲すれば、情勢は一変する。将軍が即断即決を好むのは、勝利が戦争の目的だからであり、華々しい戦闘を展開するために戦いを長引かせるつもりはない。なぜならば、長期戦になれば、国家財政は逼迫し、軍隊も疲弊してしまうことを知っているからだ。物価は高騰し、民衆は飢えに苦しむ。戦争の長期化が国家の利益になったという例は聞いたことがな

＊『論語』述而第七（アーサー・ウェイリー英訳）一二四ページ

い。

一流の将軍が攻撃を仕掛けるのは、勝利が確実視されているときに限る。将軍としての最大の職務はそのような状況を作り出すことである。例えば、戦端を開く前に敵を分散させる。敵が分散して防御に入ろうとする地点には隙ができる。そのような地点を選び出して大軍で攻めれば、分散して小規模になった敵軍を撃破できる。目に見えるものだけでは、脆弱性はわからない。敵将は優柔不断、軽率、直情径行、頑固あるいは簡単に騙されやすい性格かもしれない。あるいは、敵軍は練度が低い、内部に不満が渦巻いている、将兵が臆病風に吹かれている、指揮系統が乱れている、不利な場所に陣地を設営しているかもしれない。または、戦争が当初の計画よりも長引いたために、食糧や物資が不足し、将兵が疲弊しているかもしれない。これらの要因は敵軍の弱みになるので、機略に富む将軍は有利な作戦を立てやすくなる。

前述の要因は敵軍の陣形にも影響を及ぼす。孫子は「敵を敗北必至の状況に追い込め」という。優れた将軍は、敵軍の布陣を念頭に置いて作戦を慎重に練るものだ。敵情を注意深く偵察し続け、敵軍の陣形を崩すべく万策を講じるのである。

有能な将軍の戦術的な動きは、正攻法の「正法」と通常の攻撃方法とは異なる「奇法」が自在な組み合わせで展開され、うまく活用すれば相乗効果が得られる。また、正法とは正面攻撃であるが、奇法とは側面や背後からの攻撃であり、包囲作戦の場合もある。さらに、正法とは敵の集中力を乱す攻撃であり、奇法とは勝敗を決する攻撃と考えることもできる。二つの攻撃方法は互いに関連している。区切りのない丸い輪のようなもので、一方がどこで始まり、もう一方がどこで終わったのかなど誰にもわからない。あるいは、奇法とは、最小限の犠牲で迅速に勝利を得るために、敵軍の防御の亀裂や穴のある部分を攻撃することである。

奇法は敵の意表をつく奇策であり、型破りな戦法である。正法は敵軍も事前に想定している戦法である。孫子は「敵軍とは正法で会戦し、奇法で勝利する」という。これは守備が最も手薄でありながら、攻撃されることを想定していない地点に致命的な打撃を確実に与えるには、敵軍の集中力を乱す戦法が必要であるということだ。だが、この正法と奇法を戦術の次元で理解すると、孫子が説く意味を誤解する恐れがあるので、戦略として考えたほうがよい。

孫子によれば、将軍は自軍が有利になるように戦況を導くことを考えなければならないという。有能な将軍は動く前に状況をよく読んでいる。目的もなく動いて敵の策略にはまるようなことはなく、慎重ではあるが、優柔不断というわけではない。「進んではならない道があり、攻撃してはならない敵軍があり、包囲してはならない城があり、争奪してはならない土地があり、受けてはならない君命がある」ことを承知している。計算されたリスクは引き受けるが、無用のリスクは決して負わない。孔子が願い下げとした「暴虎《ぼうこ》馮河《ひょうが》」（虎に素手で立ち向かい、河を歩いて渡るような命知らず）ではなく、機を見れば、迅速果断に動く。

孫子は、目の前で起きている状況に対する適応力を重視した。水が地形に応じて自らの形を変えるように、戦争においても水のような柔軟性を保ち、敵情に応じて戦術を変化させよと説く。これは受身的な考え方ではない。実際、放置しておいても、敵軍はそのうち自滅してしまうことが多いのである。一定の条件下では、より価値のある目的のために城を明け渡し、軍の一部を犠牲に供し、領土を放棄することもある。このような譲歩には重要な目的が隠されているが、戦の巧者ならではの頭の柔らかさも示している。

孫子は天候の危険性と効果を理解していた。また、地勢が及ぼす影響にも着目していた。地勢の重要性を知る将軍は敵軍を危険な場所に誘い込むが、自軍はそこを避けて動くように指揮する。会戦を望む地点を選んで敵軍をおびき寄せ、そこで戦いを始める。孫子によれば、地勢を活用できない将軍は指揮官にふさわしくない。*

『孫子』用間篇は、孫子が書き上げた当時と同じく現在でもほとんど有効である。孫子は、間諜（スパイ）を見分ける必要性と様々な次元での工作活動の必要性を十分に認めていた。また、二重スパイの意義を強調していることも見逃すべきではない。間諜は古代ギリシャ世界のように古代中国でもごく日常的な存在であり、孫子も注目していた。近年、欧米は諜報活動に関してかなり経験を積んでいるが、必ずしもうまく対応できているとはいえない。杜牧は破壊工作の勧誘に応じやすい人物類型を研究したが、この研究は現在でも検討に値する。

　儒教の教えを逆に利用する用間篇は、正統派儒者の多くから猛烈な反感を買ったが、孫子はこれを最後の章として筆を擱《お》いた。

＊中国人は山、河川、森林、滝などの荘厳な大自然に対して特別な感情を抱いており、絵画、歴史、詩歌などの文学作品にも反映されている。優れた兵士が状況を有利に運ぶために地勢を活用する能力は、このような中国人特有の美意識に由来するものであろう。中国の軍事地理学者の大御所である顧祖禹《こそう》（一六三一～一六九二）は、父親も祖父も同じく地理学者であり、一六七八年頃に歴史地理書『読史方輿紀要』を完成させた。

　国土の一部で軍事作戦を始めようとするならば、国全体の状況を事前に把握しておくべきである。そのような事情を考慮せずに戦端を開くなら、攻撃作戦または防御作戦のいずれかを問わず、敗北を招く。（「中国古代軍事地理学」四ページ）

顧祖禹が孫子を高く評価しているのは、地勢が戦略に及ぼす影響の大きさを理解しているからである。

　孫子ほど戦略を見事に論じられる者はおらず、孫子よりも地勢の利点を適切に説明できる者もいない。（同二〇ページ）

INTRODUCTION

VI

Sun Tzu and Mao Tse-Tung

孫子と毛沢東

序論

毛沢東は、孫子の思想に大きな影響を受けている。これは軍事的な戦略や戦術を論じた毛沢東の著作を読めば明らかだ。特に、『遊撃戦論』、『持久戦論』、『中国革命戦争の戦略問題』に顕著だ。また、欧米の読者には馴染みの薄い他の著述にも孫子の影響が見てとれる。毛沢東が陝西省延安で指揮を執る数年前、中国共産党の軍隊である紅軍の指揮官は孫子の教えを江西省と福建省での作戦に応用し、一九三〇年から一九三四年の間、共産主義者の一掃を目的とする蔣介石の国民党軍を何度も打ち破っていた。

毛沢東が自分の若い頃を語るときは、高圧的な父親との激しい口論があったことを強調したものだ。毛沢東は母親を自分の味方だと思っていた。母親が用いた「婉曲的な非難*」は、毛沢東の心に強い印象を残している。小学校時代、日々の喧嘩にこの「婉曲的な非難」がとても役立つことに気づいた。そして、有名な古典文学は相手を責める巧みな言い回しをいくつも教えてくれた。

かくして、中国古典は毛沢東の数少ない愛読書となった。特に好んだのは、「古代中国の波乱万丈の物語であり、また謀反や反乱の物語には格別の興味を抱いた**」。古典のなかでも、『水滸伝』、『三国志演義』は何度も読み返し、大きな影響を受けた***。『三国志演義』では、三国時代の著名な人物である諸葛孔明《しょかつこうめい》、曹操《そうそう》、魯粛《ろしゅく》、司馬懿《しばい》、劉備《りゅうび》などが編み出した戦略、策略が詳しく述べられており、彼らはいずれも孫子を慕う終生の弟子であった。毛沢東はこれらの物語を読むことにより、中国に古来より伝わる軍事知識を数多く吸収した。

毛沢東は長沙《ちょうさ》の湖南第一師範学校に五年間学び、欧米の主要な政治思想家の著作（中国語訳）を読み漁ったが、何を読んでも最後には中国の歴史に立ち戻った。太平天国の乱（一八五一～一八六四）は毛沢東お気に入りのテーマであり、反乱軍の最も有能な指導者李秀成《りしゅうせい》は当時の毛沢東にとって英雄の一人であった。李秀成は物事を考え抜く性格の持ち主であり、卓越した指導力を持っていた。軍記作家が好んで物語に登場させるのは彼や配下の将軍たちであり、彼らの言葉をよく引用している。例えば、反乱軍の諸将は、次のように描写されている。

> 彼らは防御の手薄な地点を選んで攻撃を仕掛けるのが常であった。防御の強固な地点は避けるか遠回りし、脆弱な地点を襲撃するという戦法を知っていた。（略）敵軍の側面や背後を攻撃するための迂回作戦や真の目標を攻撃するために別の地点を襲撃して敵軍の注意をそらす戦法も頭の中にあった。（略）敵情を偵察し、正規軍による本格的な攻撃の前には、別働隊が陽動作戦を展開したものだ。****

毛沢東は「モーゼの十戒」にならった太平天国軍の軍律十カ条を参考にして、紅軍の軍規を定めた。毛沢東が後年手がけた農地改革も太平天国の考え方を受け継いだものである。

毛沢東は、冷戦か武力戦かを問わず、孫子の言葉を戦争行為に応用できると見ていたに違

* 『Red Star over China』（中国の赤い星）（エドガー・スノー著）一二八ページ
** 前掲書一三〇ページ
*** 前掲書一三一ページ
**** 『太平天国起義的新見解』（鄧嗣禹著）六五ページ

いない。実際、冷戦では後年、敵である外国の「帝国主義者」に応用し、武力戦では早々と蔣介石との戦いに応用して劇的な効果を得ることができた。

一九二七年八月、中国共産党が江西省南昌《なんしょう》で起こした武装蜂起、いわゆる南昌起義直後、毛沢東は南京政府から懸賞金付きで指名手配された。この年の初冬、毛沢東は無一文ながらも自信満々で、江西省と湖南省の境にある天然の要塞である井崗山《せいこうざん》に到着すると、南昌起義の後を生き延びた紅軍の指揮官に選出された。当時の紅軍は数千人規模であったが、ろくな装備も持たず、兵糧も尽きかけていた。そこで、毛沢東が地元の有力な山賊の首領二人を説き伏せ、紅軍と山賊という奇妙な組み合わせが成立した。だが、装備は弓矢、槍、旧式の鳥撃ち銃、ライフル銃数百丁、機関銃六丁という貧弱さであった。一九二八年春、朱徳《しゅとく》も数千人の部隊とともに井崗山の根拠地に到着した。彼らの大半はまだまともな装備を所持していた。

毛沢東の部隊は朱徳の部隊と合流し、新たな軍隊に再編された。二人は農民の義勇兵を丁重かつ公平に遇せよと将兵に命じ、清朝、中華民国、国民党軍事政権を長年苦しめてきた差別的な慣習や情実主義を廃し、暴力的な行為も禁じた。軍隊の指導者である毛沢東と朱徳は、知識人と練度の高い兵士が必要であると痛切に感じていた。孫子の教えにも見られるが、士気を高めるには手厚い報酬が必要とされた。紅軍は一九三〇年八月から九月初めまで湖南省の戦闘で惨敗を重ねており、軍紀を保つには手厚い報酬が最も効果があったからだ。

毛沢東の名前を連想させる一連の戦略や戦術は、一九三〇年九月十三日に生まれた。それまでは、毛沢東と朱徳は李立三《りりつさん》が率いる中国共産党中央委員会の指示に従う立場であった。李立三は、紅軍による都市攻撃を主張していた。マルクス・レーニン主義の革命理念に極めて忠実に従うもので、中国の共産化のための根拠地としてふさわしいのは都市しかないと信じていた。*

ここでは、李立三路線が現場の最高指導者から否認されるに至った経緯を詳しく説明する必要はあるまい。一九三〇年八月から九月という時期に、中国共産党が最大の危機を迎えていた、というだけで十分だろう。例えば、この路線に従った彭徳懐《ほうとくかい》率いる紅軍は長沙を攻撃したが、結局数日間しか制圧できず、撤退している。毛沢東も朱徳とともに長沙から三百キロほど東の南昌を再三攻撃したが、そのたびに手痛い反撃に遭った。

李立三の頑迷さは救いようがなく、紅軍を崩壊寸前に追い込んでいた。だが、紅軍が総崩れする前に、毛沢東と朱徳は南昌攻撃を中止し、撤退を決定した。しかしながら、李立三派は

＊李立三は、モスクワの指示に従っていたのである。

長沙攻撃を再開すべきだと強硬に主張したことから、毛沢東と朱徳はやむなく彭徳懐軍と合流し、改めて長沙を攻撃した。一週間にわたる戦闘の結果、紅軍側の惨敗に終わった。圧倒的に優勢な敵とほぼ一カ月も戦い続けた紅軍は弱体化し、一九三〇年九月十三日の夕方、江西省の中央に向けて撤退した。同年十二月、蔣介石は紅軍に対し、第一次「包囲討伐」作戦を開始した。新たな局面が始まった。

第一次から第四次の討伐作戦において、紅軍の古参兵はゲリラ戦で何度も善戦したことを誇りに思ってもよいかもしれないが、この攻防戦は南京国民政府の愚劣な指示に従わざるを得なかった国民党軍の実情を考慮して見直す必要がある。

一九三〇年代に中核部隊以外の国民党軍は、大半が徴集された無学な農民で構成されていた。特に、各地の「群雄」が率いる軍隊ではそれが顕著であった。これらの徴集兵は軍事訓練をまともに受けたことがなく、装備も貧弱極まりなく、劣悪な栄養状態にあり、給料の遅配が多く、その他の待遇は上司である将校の一存に任されていた。このような扱いに耐え切れず脱走する兵士が多すぎたため、軍隊名簿の水増しも珍しくなく、各軍の実際の員数は誰にもわからない状況だった。一万人いるはずの軍隊でも、実際にはその半分もいないことが少なくなかった。公金横領も至る所で発生しており、役人だけでなく、将軍の多くも悩まされていた。親族重用主義も蔓延していた。さらに、将兵の性病罹患率が異常な高さを示す部隊も多かったが、医療施設はほとんどないに等しかった。このような軍隊に然るべき士気が残っていなくても不思議はない。無能な役人や将校にはこの情けない状況をどうすることもできなかった。

当時の国民党軍には、有能かつ勇猛で公明正大な将軍が率いる「模範的」中核部隊は六つあったが、第四次「包囲討伐」作戦までどこも参戦していなかった。* このため、紅軍は幸い優秀な敵と交戦することはほとんどなかった。蔣介石は無能な指揮官に率いられた貧弱な軍隊を「包囲討伐」作戦に投入したため、逆に紅軍の着実な増強を手助けする格好になった。このような方針を続けたことで、見た目以上の問題を抱えることになった。蔣介石は紅軍と非中核部隊が互いに潰し合うはずと見ていたのである。ところが、国民党軍の貧弱部隊は蔣介石のようには見ておらず、大部分が紅軍に降参してしまった。しかも、敗軍の将兵の多くはすぐに紅軍

＊第一次から第四次までの「包囲討伐」作戦は、装備や物量ではどう見ても圧倒的に劣る紅軍との戦いだった。紅軍には、飛行機、自動車、戦場用の無線や電話、大砲、医療装備がなく、建築資材のモルタルは不足し、発火物や重機関銃も限られており、弾薬不足に悩まされるのは日常茶飯事であった。それでも紅軍が勝利したのは、国民党軍の指揮官の無能さや将兵の士気の低さに加え、紅軍が農民の支持を得て有利な情報を入手していたからでもある。また、戦術面でも紅軍のほうが決定的に優れていた。

に加わった。紅軍が分捕った兵器は何万丁にもなった。一九三六年、毛沢東は次のように回顧している。

我々は（外国の帝国主義国と国民党軍の兵器供給源である）ロンドンと漢陽の兵器工場の製品に権利を持っており、しかも敵の輸送隊がそれを運んでくれる。これは厳然たる事実であり、冗談ではない。*

一九四九年までは、米国が蔣介石軍の装備、軍事訓練、援軍、輸送に何十億ドルも費やしたが、前述の毛沢東の回顧は確かに冗談ではなかったことを十分に承知していた。

だが、蔣介石のドイツ人顧問が進言し、一九三三年後半に攻撃開始した第五次「包囲討伐」作戦では、蔣介石の思い通りに紅軍を敗北させた。国民党軍は「模範的」中核部隊も含めて空前の兵力を動員した。今度は決して急がず、慎重かつ協調的な進軍を心がけた。徐々に整然と南進しながら焦土作戦を展開したため、農民はやむなく戦闘地域から離れざるを得なかった。これに伴い、紅軍は農民から情報を収集できなくなった。国民党軍は近隣勢力間の連絡の重要性をようやく理解したのである。紅軍は今までのように孤立した国民党軍に兵力を集中して撃破することができなくなった。初めて攻防の主導権を奪われたことに紅軍は気づいた。その結果は思いがけないものであり、紅軍は狼狽し、敗走した。完全に受身になった。毛沢東の言葉によれば、「わが軍は少しも主導権を取れず、力強さも失い、(江西省から)撤退する以外に」道はなくなってしまった。今回の「包囲討伐」作戦によって、紅軍は後年無数の網羅的な研究対象となる長征の途につかざるを得なくなった。現在、長征は江西省から陝西省延安に至るまでの栄光の道のりとして賞賛されている。

紅軍が延安に入るまでの戦闘経験を通じて学んだことは、攻防の主導権を握った側が勝利し、これを失った側は敗北するという教訓である。第五次「包囲討伐」作戦で主導権を奪われたのは、紅軍側が自信過剰に陥っていたことも一因である。紅軍の最高司令部は、敵軍を軽んじるという大罪を犯した。紅軍は初めて(今までとは別格の)敵を知らず、(敵よりも見劣りする)自軍も知らなかったために、どの戦いでも窮地に立たされたのである。毛沢東はこのときの経験に基づいて、次のように書いているのであろう。

＊『毛沢東選集』第一巻、二五三ページ

古代中国の偉大な軍事家・孫武子の書物には、「彼れを知り、己れを知らば、百戦胎《あや》うからず」という教えがある。我々はこの言葉を軽視してはならない。*

江西省での交戦と長征の経験は、共産主義者にとって軍事的な実験であった。当初、紅軍は陝西省保安を当面の根拠地とした。毛沢東はこの地にある洞窟に住み、執筆活動を始めた。その際、これまでの成功経験にはほとんど時間を割かず、それよりも参考になる失敗経験の研究に没頭した。例えば、最後の「包囲討伐」作戦では、紅軍が軍事作戦で重んじるべき原則をすべて無視していたと分析し、その大失敗の状況を驚くほど率直に説明している。

軍事行動で最も重要なことは、味方の力を保持し、敵の力を無力化することであり、これを達成するには受動的で硬直的な姿勢を避けなければならない。**

毛沢東は攻撃については心配していなかったが、受動的にならざるを得ない防御には悩んでいた。戦争に受身的な態勢で臨めば勝てないという孫子の教えが頭にあったからだ。この件に関して、毛沢東は「故意にそのような態勢をとる奴は愚か者に違いない」と遠慮のない表現で書いている。

抗日戦で成功を収めた戦略と戦術は、動きを止めない遊撃戦が特徴的であり、井崗山で掲げた次の四つのスローガンに基づくものであった。
一、「敵進我退」（敵が前進すれば、後退する）
二、「敵駐我撹」（敵が駐屯すれば、撹乱する）
三、「敵疲我打」（敵が疲弊すれば、攻撃する）
四、「敵退我追」（敵が退却すれば、追跡する）
毛沢東は、この一六文字のスローガンが孫子の言葉に酷似していることを周囲に教えようとは思わなかった。だが、後年、毛沢東に江西省での攻防や長征で得た教訓を熟考する余裕が生まれると、孫子の言葉を言い換えて詳しく説明している。

一般的に、兵力の移動は秘密裏に、かつ迅速に行わなければならない。敵を欺き、誘い出し、混乱させるために、巧みな計略を施す必要がある。例えば、東で騒ぎを起こして西を

＊前掲書、第一巻、一八七ページ
＊＊前掲書、第二巻、九六ページ

攻撃したり、南に現れたかと思うと北に現れたり、攻撃してすぐに後退したり、夜襲を仕掛けたりする。

兵力を自在に散開、集中、移動できれば、遊撃戦で主導権を握っていることは明らかである。硬直的で反応が遅ければ、受身的な立場に追い込まれ、無用の損害を出すことになる。ちなみに、指導者の聡明さは、兵力の弾力的運用の重要性を頭で理解しているかどうかではなく、個別の状況に対応して兵力の散開、集中、移動を適時に実行できるかどうかでわかる。情勢の変化を予測し、時機を見定める聡明さを身につけるのは容易ではなく、他人の意見によく耳を傾け、鋭意調査して熟考を重ねる人間でなければできるものではない。柔軟な姿勢を保ち、無謀な行動に走らされないためには、状況を慎重に検討する必要がある。*

紅軍の指揮官は、地勢を活用する能力において敵軍よりも有能であることを再三証明した。土地は、逃走の名人である紅軍には重要なものではなかった。毛沢東は、「逃げ出すことにかけては、紅軍ほど上手な軍隊はいないだろうね」と何度も冗談めかして語ったことがある。だが、この逃走の大半は、敵軍の指揮官が自信過剰になるように仕向け、判断が甘くなることを意図したものであった。江西省の国民党軍は不案内な土地に引きずり込まれ、周囲から情報を入手できなくなり、通信状況も悪化したことで、巧みに分断されてしまい、孤立無援に追い込まれていった。この作戦は、国共内戦（中国国民党と中国共産党の戦争）中の満洲や中国北部でも同じように成功した。

紅軍は諜報戦に長けていたので、敵軍を思うように動かし、自軍の姿を見えなくすることもできた。また、敵軍の戦力もほぼ正確に評価していた。毛沢東は、このことを次のよう書いている。

味方のことはよく知っているが、敵のことは知らない人がいる。また敵のことはよく知っているが、味方のことは知らない人もいる。どちらの人も戦争の法則を学ぶことはできないし、応用することもできない。**

周到に練られた作戦に基づいて軍隊を動かしている指揮官が直面する難題のひとつは、そ

* 前掲書、第二巻、一三〇～一三一ページ
** 前掲書、第一巻、一八七ページ

の作戦を状況の変化に応じて修正することだ。孫子は、頭脳や身体に固有の問題を理解していた。さらに、戦場は絶えず変化していることも再三強調していた。すなわち、作戦には常に再検討と再調整が求められるのである。毛沢東は、次のように書いている。

状況を把握する作業は、作戦の策定前だけでなく、策定後も続行する。作戦実行に際しては、開始直後から完了まで状況を把握し続ける。すなわち、実行中は常に状況を把握しておく。このとき、当初把握していた状況が現状と合致しているかどうかを再確認する。作戦と状況が不一致、または一部合致していないと判明すれば、改めて把握した状況に基づいて判断し、新たな状況に対応すべく当初の作戦を変更する。部分的な作戦変更は日常茶飯事であり、全面的な作戦変更に至ることもある。短気な人間は作戦変更の方法を知らないか、変更することを好まず、盲目的に突進するばかりなので、徒労に終わるのは避けられない。*

この作業は無駄に思えるかもしれないが、これが必要であることを示す歴史的な例は枚挙に暇がない。状況から判断して、後退するのが望ましいという場合には後退すべきである。攻撃と防御は補完関係にある。毛沢東は孫子の教えを次のように説いている。

攻撃は防御に、防御は攻撃に転化できる。前進は後退に、後退は前進に転じることができる。牽制部隊は攻撃部隊に、攻撃部隊は牽制部隊に転じることができる。**

指揮官が果たすべき最重要任務のひとつには、「敵味方双方の部隊や地勢の状況に応じ、戦術を適時かつ適切に変化させること」***が挙げられる。例えば、状況が適切であれば、Bを奪取するためにAを敵軍に与えることも許される。戦力を温存し、主導権を保持するためには、適時に後退してもよい。逆に言えば、遅きに失した後退は本質的に受身であり、主導権を失った動きである。

欺瞞と不意打ちは二大原則である。孫子の教えを言い換えながら、毛沢東は「戦争には欺くための作戦が必要なのだ」と説いている。「あらゆる欺瞞的策略を用いるならば、敵軍が判

* 前掲書、第一巻、一八五～一八六ページ
** 『持久戦論』（毛沢東著）一〇二～一〇三ページ
*** 前掲書、同

断や行動を誤って窮地に追い込まれるように仕向けることはできる。こうなれば、敵軍は優位性も主導権も奪われてしまう」*。「形」（孫子）によって、あるいは「幻影」（毛沢東）によって、敵軍は欺かれる。同時に、敵の目の前から姿を隠してしまう。こうなると、敵軍の指揮官は耳目をふさがれたような状態になる。欺瞞作戦は敵軍の指揮官を混乱させるだけでは十分ではなく、正常な判断力を失うまで追い込む必要がある。**また、敵軍の士気が下がることを優先的に狙う。士気の低下は軍隊が崩れる前に必ず現れる兆候だからである。これも史上初めて心理戦を提唱した『孫子』からの借用であることは間違いない。

　毛沢東の著作によれば、戦争で最も決定的な要因は人間であるという。兵器も重要だが、人間には及ばない。人間の判断力が勝敗を左右する。

> 実際の戦争では、常勝将軍は望めない。そういう存在は古来稀だ。望むべきは、戦場で勝利することが多い勇敢かつ賢明な将軍である。すなわち、智恵と勇気を兼ね備えた将軍である。***

賢明な将軍は用心深く、戦略を用いた勝利を好む。

紅軍の指揮官が軽率で結果を顧みない感情的な人間になることは許されない。紅軍の指揮官の誰もが勇敢かつ賢明な英雄となり、困難を克服する勇気だけでなく、戦争全般を変化させ、進展させる能力を持つように奨励されなければならない。****

この能力は、孫子が「勝利を支配できる」という言葉を用いるときに心に浮かべているものだ。

思慮深い指揮官が行う作戦は、「正しい判断」から生まれた「正しい決断」の結果である。正しい判断ができるかどうかは、「総合的かつ不可欠な偵察」の結果次第である。偵察や諸報告を通じて収集された情報は慎重に調査し、粗雑で不正確なものは捨て、吟味されて正確なものは残す。このようにして、賢明な指揮官は「表面的なものから内面的なもの」を推察するこ

* 前掲書、九八ページ
** 前掲書、一〇〇ページ
*** 『毛沢東選集』第一巻、一八三ページ
**** 前掲書、一八八ページ

とができる。軽率な指揮官は「希望的観測に基づいて作戦を立ててしまう」。それは実際の状況に対応しておらず、いわば「机上の空論」である。*

国共内戦初期の頃、紅軍は欺瞞作戦や遊撃戦を展開して何度も劇的な戦果を挙げた。これは国民党軍の弱点を探し出す能力が神業並みに高かったからである。このため、国民党軍は四分五裂の状態に追い込まれた。国共内戦の期間を通じ、紅軍は戦意を喪失した蔣介石の軍隊に、孫子の兵法に関する本に書かれた戦法を駆使し続けた。満洲では、米国顧問団の助言にもかかわらず、蔣介石自身が欺瞞作戦の餌食となり、判断力が衰え、勝利への希望が潰えた。

朝鮮戦争の場合、中国共産党の軍（中国人民志願軍、実質的に人民解放軍）が広範囲に散開すれば大変な脅威になると国連軍の指揮官が気づく前に、中国共産党は約二五万人を鴨緑江《おうりょくこう》の南側に展開させた。機略に満ちた計画と巧妙な部隊運用によるこの大規模な機動作戦は、韓国内の国連軍を崩壊寸前に至らしめた猛攻撃の準備行動であった。

だが、参戦直後を除いては、人民解放軍が最も得意とする遊撃戦を展開できる状況ではなかった。戦場の地勢は大量の重火器を操作できる相手側に有利であり、中国側の指揮官が策略を施す余地はほとんど残されていなかった。振り返って考えると、人海戦術を採用したことはほとんど絶望的な行動であったように思える。

西側の観測筋によれば、朝鮮戦争の後半部分から導き出される教訓は、他の状況下でも適用できるわけではないという。中国軍が従来の戦術に基づいて作戦を展開すると考えるのは危険であり、戦術を限りなく変化させてくると考えるほうが安全である。毛沢東は説く。

血の代償を払って学んだ過去の戦争の教訓や後世に伝わる教えを、注意深く研究する必要がある。(略)このようにして、推論を我々自身の経験に照らして検証し、有益なものを吸収し、役に立たないものを捨て、我々が独自に見出したものを付け加えるのである。**

過去を振り返ると、欧米の指導者がヒトラーと交渉する際、ヒトラーの著書『わが闘争』を事前に読んでおいたなら、心の準備が多少はできたであろうといわれている。同じように、中国共産党の思想的枠組みを規定する主要な著述以外に、毛沢東の演説や著作にもある程度精通していれば、現在の指導者が中国と交渉する上で役立つはずだ。そのような参考文献から、

* 前掲書、一八五ページ
** 『持久戦論』(毛沢東著)一八六ページ

『孫子』は外せない。*

＊中国共産党員が『孫子』に大きな関心を寄せている最大の理由のひとつは、欧米ではほとんど知られていない郭《かく》化若《かじゃく》の著作にある。一九三九年、郭化若は『孫子』を分析して論評した『孫子兵法初歩研究』を刊行した。この本は中国共産党支配下地域の軍事教科書として執筆されたものだ。当時から今日に至るまで、郭化若は中国では軍事理論家の大御所としての地位を保っているらしく、『孫子』に関する最新の解説書は『今新篇孫子兵法』である。書名からわかる通り、内容は現在の状況に対応して再構成されている。孫子の言葉は口語的表現に言い換えられており、全篇を通じて簡体字が用いられている。

Biography of Sun Tzu

孫子の経歴[*1]

本篇

＊これは『史記』の「孫子呉起列伝」として記載されている。

孫子は斉国の出身であるが、呉国の王闔閭《こうりょ》に自著『孫子』を献上し、謁見の機会を得た。*

闔閭が問うた。

「そちの一三篇は最後まで読ませてもらった。** では、ものは試しだ。ここで軍隊を少しばかり指揮することはできるか」

孫子は答えた。

* 有力者と面会するには物品を献上するのが通例であった。

** この文章によれば、司馬遷が『史記』を書いた当時、孫子の書いた兵法書は一三篇で構成されていたことがわかる。

「できます」

闔閭はさらに問うた。

「女どもでも試せるか」

孫子は応じた。

「もちろん、できますとも」

闔閭は頷き、宮中から百八十人の美女を召し出した*。

孫子は女たちを二つの部隊に分け、呉王の寵姫《ちょうき》二人を隊長とした。全員に鉾槍《ほこやり》の持ち方を指導した後、命令を下した。

「皆の者、自分の胸の場所は知っておろう。右手、左手、背中も知っておろうな」

女たちが「存じております」と答えると、孫子は次のように命じた。

「前と合図したときには胸を見よ。左と合図したときには左手を見よ。右と合図したときには右手を見よ。後ろと合図したときには背中を見よ」

女たちは「承知いたしました」と答えた。

以上の指揮方法が伝えられると、死刑執行用の武器が置かれた**。それから、改めて三回命令を下してみせ、さらに説明を五回も繰り返した。さて、孫子が「右向け」を合図する太鼓を叩いたが、女どもはどっと笑った。

孫子は言った。

「指揮の方法がうまく伝わらず、命令が必ずしも行き渡らないのであれば、それは将軍たるわたくしの罪である」

またしても、三回命令を下してみせ、説明を五回繰り返した。それから、「左向け」を合図する太鼓を叩いたが、女どもは再び爆笑した。

孫子は言った。

「指揮の方法がうまく伝わらず、命令が必ずしも行き渡らないのであれば、それは将軍の罪である。だが、指揮の方法がはっきりと伝わり、命令も行き渡っているのに、合図に従わないのであれば、それは隊長の罪である」

そこで、孫子は左右の隊長の首を落とせと命じた。

闔閭は高台の上から今までの様子を見ていたが、二人の寵姫が処刑されそうになったので驚き、大慌てで使者に伝言を持たせ、孫子のもとに寄越した。

＊ 三百人という説もある。
＊＊ 孫子は、自分が本気であることを皆に周知させようとしたのである。

「将軍が軍隊を指揮できることはよくわかった。わしはあの二人の女がいないと、食事もうまくないのだ。どうか殺さないでくれ」

だが、孫子は断った。

「臣はすでに将軍職を承っております。将軍が軍隊の長にあるときは、君命といえども必ずしもお受けできないことがございます」

結局、孫子は二人の女隊長を見せしめとして処刑せよと命じた後、別の女二人を隊長に任じた。

さて、改めて合図の太鼓を叩くと、女どもは左右前後からひざまずいて立ち上がることまですべて事前の練習通りに完璧にやり遂げ、物音ひとつ立てるものもいなかった。

最後まで見届けると、孫子は使者に伝言を持たせ、闔閭に届けさせた。

「軍隊は準備万端でございます。王におかれましては、高台から下りてご検分いただきたく存じます。いつでもお望みのままに動かすことができます。たとえ火の中でも水の中でも突き進むでしょう」

闔閭は気分が晴れなかった。

「将軍は宿舎でお休みいただきたい。わしは検分する気にはなれない」

孫子は平然と言い放った。

「王は空虚な言葉だけがお好みであり、実際に動かすのはご無理のようですね」

闔閭は孫子に指揮官としての能力があることを認め、結局、将軍に任命した。孫子は西方の強国である楚を破り、その都である郢《えい》に進攻した。北方では斉や晋を威嚇した。* 呉は諸侯の間で名を挙げたが、これには孫子の活躍も寄与している（周代の越国の興亡記である『越絶書』によれば、孫子は呉県から一〇里離れた巫門《ふもん》外にある大きな墓に埋葬されているという）。**

孫武がこの世を去ってから百年以上も後に孫臏《そんぴん》が登場した。出生地は阿《あ》（現在の山東省陽《よう》穀《こく》県）と鄄《けん》（現在の山東省濮《ぼく》県）のあたりであり、*** 孫武の子孫である。孫臏は当初龐涓《ほうけん》とともに兵法を学んでいた。その後、龐涓は魏で仕官し、恵王から将軍職に任じられた。**** 孫臏にはとてもかなわないと自覚していた龐涓は、密かに使いを出して孫臏を呼び出した。孫臏が到着すると、自分よりも有能であることに恐れを抱く龐涓は嫉妬に駆られ、彼に無実の罪を着せた。

* 他の史書ではこのような表現は見られない。
** この括弧書きの部分は清代の学者孫星衍《そんせいえん》が原文の脚注として追記したものである。おそらく、彼が言及した部分は、紀元前四世紀以降の捏造と思われる。呉県は現在の江蘇省蘇州市である。
*** 阿と鄄はいずれも斉の領土である。
**** 恵王が魏王と称したのは紀元前三四四年からである。

これにより、孫臏は両脚を切断され、罪人を意味する入れ墨を顔に施された後、世間の目の届かない所に幽閉されてしまったのである。*

そこへ、斉の使者が魏の国都である大梁《だいりょう》（現在の河南省開封市）を訪れた。孫臏は罪人の身でこの使者と内密に面談した。使者は孫臏の偉才を認め、周囲に知られないようにして斉に連れ出した。**

斉の将軍田忌《でんき》は孫臏を快く迎え、客人として遇した。

田忌は斉王の公子たちと競馬での賭け事をよく楽しんでいた。孫臏の見るところ、田忌と公子たちの馬は全体としてそれほどの違いはないが、馬の速さを個別に比べると、一等、二等、三等に分けられることがわかった。そこで、孫臏は田忌に助言した。

「将軍、ここは賭けに出ましょう。臣には勝算がございます」

田忌はその言葉を信じ、斉王や公子たちとこの競馬に黄金千金を賭けることにした。田忌が賭け金を積もうとするとき、耳元で次のようにささやいた。

「将軍の三等の馬を相手の一等の馬と、将軍の一等の馬を相手の二等の馬と、将軍の二等の馬を相手の三等の馬とそれぞれ競わせてください」

三試合の勝負が終わると、田忌は一試合目こそ負けたが、残りの二試合はすべて勝ち、掛け金の千金を手中に収めることができた。田忌は孫臏の才能を認め、君主である威王《いおう》に紹介した。威王が孫臏に兵法を問うたところ、その応答の素晴らしさに感嘆し、幕僚に加えることにした。

後年、魏が趙を攻撃してきたので、趙は斉に救援を必死に求めてきた。*** 威王は孫臏に将軍を頼もうとしたが、孫臏は固辞した。

「臣は罪を得たことのある身でございますから、適任ではございません」

そこで、田忌を将軍、孫臏を幕僚とすることに決めた。

* 「臏《ひん》」とは「膝頭」のことであるが、「脚斬りの刑」も意味する。これは身体を傷つけて苦痛を与える肉刑という五種類の刑罰のなかでも三番目に重いものである。その順序は次の通り。
①顔への入れ墨
②鼻削ぎ
③脚斬り
④宮刑（男性は去勢、女性は幽閉）
⑤死刑
「臏」の刑に処せられるまでは、孫「臏」とは呼ばれていなかったであろう。宮刑に処せられる罪人は、脚斬り、鼻削ぎ、入れ墨も併せて受けることがあった。

** この部分は他の資料と合致しない。別の説によれば、孫臏は龐涓が仕掛けた冤罪のために脚斬りの刑に処された後、正気を失った振りをして斉に逃亡し、そこで軍師に任じられたという。

*** 紀元前三五四年

孫臏は荷馬車に乗り込み、座ったままで作戦を立てることになった。田忌は軍隊を率いて一路、趙を目指そうとしたが、孫臏は同意しなかった。

「もつれた糸をほどくには、無理やり引っ張ろうとしてはいけません。争いを止めようとするには、鉾槍で突くように力で解決しようとしてはいけません。守りの堅いところは避け、手薄なところを攻撃すれば、敵は混乱状態に陥り、問題は自然に解決するでしょう。今、魏は趙と交戦中です。軽装部隊や突撃隊は戦場で体力を消耗していますが、国内に残っている老人や子どもはもとより弱体である上に、相当疲弊しているはずです。したがって、将軍におかれましては、国都の大梁に急進され、主要な交通路を制圧し、守備の手薄なところを攻撃するのが最善の策でございます。さすれば、魏は趙から撤退し、国都を守ろうとするでしょう。かくして、ただの一撃で趙の包囲網は解かれ、魏の野望を打ち砕くことができるのです」

田忌はこの助言に従った。その結果、魏は趙の都である邯鄲《かんたん》（現在の河北省邯鄲市）から撤退する途中で、斉と桂陵（現在の山東省菏沢《かたく》市）で交戦することになったが、魏の大敗北に終わった。

一三年後、魏が趙と連携して韓を攻撃してきたので、韓は斉に救援を求めてきた。*斉王は田忌を将軍に任命し、田忌は魏の大梁を目指して進軍した。

魏の将軍龐涓はこれを知ると、今まで攻めていた韓から撤退して帰国を急いだ。一方、斉軍はすでに魏の国境を突破し、西方に向けて進軍を続けていた。

孫臏は田忌に次のような話をした。

「三晋**の軍隊は普段から勇猛果敢であり、わが斉の軍隊を臆病者と見て軽んじています。戦い慣れた戦士であれば、この状況をうまく利用して作戦を立てるものです。『孫子』によれば、百里先の戦場で優勢に立つために強行軍を続ければ、先鋒の上将軍は捕虜にされ***、五十里先の戦場で優勢に立つために強行軍を続ければ、軍隊の半分しか間に合わないと申します。そして、魏の軍隊は正にこの強行軍の最中です」

それから、孫臏は斉軍に対し、魏の領地に侵攻した最初の夜は一〇万個の竈《かまど》を作るが、第二夜は五万個、第三夜は三万個と減らすように命じた。

龐涓は三日間行軍しながら、この竈の減り方を見て非常に喜んだ。

「斉軍が臆病であることは前から知っていたつもりだが、わが領地に侵入してわずか三日

＊紀元前三四一年
＊＊魏、趙、韓は併せて「三晋」と呼び習わしている。
＊＊＊原文では、「先鋒の上将軍はつまずいて失敗するであろう」。

の間にやつらは半分以上も逃げ出してしまったぞ！」

そう笑い飛ばすと、龐涓は重装備の歩兵部隊と荷馬車を残し＊、軽装備の精鋭部隊だけで夜を日に継いで追跡した。孫臏は魏軍が移動する速さを計算し、夕暮れには馬陵（現在の山東省臨沂《りんぎ》市）を通り過ぎると見た。このあたりは道幅が狭く、道の両側は険しく迫ってくるところが多いので、伏兵には絶好の地形である。

孫臏は大木の樹皮を削り取ると、このように書いた。

「龐涓、この木の下に死す」

そして、軍隊の弓の名手に命じ、道の両側に一万もの「弩《ど》（強力な大弓）」を並べて伏兵とし、「夜になって火が見えたら、そこを目がけて一斉に矢を放て」と命じた。夜になると、予想に違わず、龐涓がその場所に到着した。木の幹に何か書いてあることに気づき、その文字を読み取ろうとして松明に火をつけた。その途端、まだ読み終わらないうちに、一万もの矢が一斉に放たれ、魏軍はたちまち大混乱に陥った。龐涓は自分の才覚が尽き、軍も敗れ去る運命にあることを知ると、自分で首をはねる間際に、口の中でつぶやいた。

「これで、あやつの評判は一段と高まってしまうのか！」

孫臏はこの戦闘に勝利した勢いに乗り、魏軍を完全に打破し、魏太子の申《しん》を捕虜とし、斉に凱旋帰国した。

孫臏はこの戦いに大勝利を収めたことで名声が天下に鳴り響き、その兵法も後世にまで伝わることになったのである。

＊『史記』では、「歩兵部隊の荷馬車」または「歩兵部隊と荷馬車」のいずれにも読める。個人的には、龐涓が強行軍を決めた後に残されたのは、重装備の歩兵部隊と軍需物資を積んだ荷馬車であったと考えている。

TRANSLATION

1

Estimates

計篇[*1]

本篇

*1 この見出しの意味は「予測」、「計画」、「計算」である。『武経七書』本では「始計第一」となっている。この主題は、米軍が「情勢判断（評価）」と呼んでいる方法である。

孫子はいう。

1．戦争は国家の一大事である。生死が分かれるところであり、国家の存亡が分かれる道である。*2 だからこそ、戦争を始めるかどうかは、十分な熟慮が必要である。

李筌《りせん》（唐代の学者）：「武器は不吉な道具である」。戦争は重大な問題である。だか

*2 または、「（戦場）は生死を分ける場所であり、（戦争）は国家の存亡を分ける道である」とも解釈できる。

らこそ、慎重に考えもせず、安易に戦争を始めはしないかと不安になるのである。

2. したがって、五つの基本的事項をもとに判断し、後述する七つの要素で比較検討する必要がある。*3 これにより、事の本質を評価することができる。

3. この基本事項の第一は道、第二は天、第三は地、第四は将、第五は法である。*4

張預《ちょうよ》（宋代の学者）：この体系的な順序は明瞭そのものである。軍隊が反乱軍を鎮圧するために召集された場合、廟堂《びょうどう》ではまず君主の徳の正しさと民衆の信望を検討する。次に、自然の四季の状態を吟味し、第三に地勢の問題を考える。これら三つの点を熟考した後、攻撃を指揮する将軍が任命される。*5 軍隊が国外に出ると、軍隊内部の法と秩序に関する責任はすべて将軍に委譲される。

4.　私が意味する「道」とは、民衆を指導者と心をひとつにさせるものである。そうなれば、民衆は疑うことなく生死を共にする。[*6]

張預：民衆を慈愛深く公明正大に扱い、信頼するならば、軍隊は心の底から団結し、指導者のために進んで戦うだろう。周代の占いの書『易経』には、「困難に打ち勝つことが喜びならば、人は死の危険を忘れてしまう」とある。

*3 孫星衍はこの部分に関して『通典』に従い、「事項」や「要素」を意味する「事」という漢字を省略している。だが、それでは意味不明になる。

*4 「道」とは「徳性」のことであり、「正しい道」と表現することもある。ここでは、朝廷の徳性、特に君主の人徳を指す。君主が公明正大かつ慈愛に満ちた政治を行っているならば、君主は正しい道を行っているのであり、素晴らしい徳を施していることになる。「法」という漢字は、主に「法律」や「秩序」を意味する。後述8によれば、孫子は「法」を軍事用語の「教義（軍隊運用の基本的思想）」として論じていることが明らかである。

*5 厳密な意味では、「攻撃」という訳語では微妙な意味を正確に伝えられない。張預が用いた漢字には「反乱者を弾圧する」という意味が含まれている。ちなみに、他の漢字ならば「急襲する」、「奇襲する」、「鎮圧する」、「降伏させる」などの意味を正確に伝えることができる。

*6 または、「道とは民衆を指導者の意思に従わせるものである……」。曹操によれば、民衆は指示に従うことで正しい道を歩むようになるという。

5. 私が意味する「天」とは、自然力の相互作用のことである。冬の寒さと夏の暑さなどの影響のことであり、天候に対応する軍隊の運用のことである。*7

6. 私が意味する「地」とは、地勢のことである。距離の遠近、地形の険しさや平坦さ、土地の狭さや広さ、それらに伴う生存の可能性のことである。

梅堯臣《ばいぎょうしん》（宋代の学者）：軍隊を動かすときには、事前に地勢の状況を知ることが不可欠である。目的地までの距離を知っていれば、迂回または直行のいずれかを選べる。地勢的に見た行軍の難易度を知っていれば、歩兵部隊または機動部隊のいずれを用いるほうが有利かを判断できる。土地が険しいか平坦かを知っていれば、適正な軍隊規模を算出できる。会戦の場所を予測できれば、軍隊を集中または散開させる時機を計ることができる。

7. 私が意味する「将」とは、将軍の賢明さ、誠意、仁愛、勇猛さ、厳格さという人間性である。

李筌：これら五つの人間性は将軍が備えるべき徳性である。これがあれば、将兵は将軍のことを「尊敬すべき人物」と仰ぐだろう。

杜牧《とぼく》（晩唐期の詩人）：賢明であれば、情勢の変化を察知し、時機を逸さず行動できる。誠意があれば、将兵は将軍が下す賞罰に間違いはないと信じ、疑いを抱くことはない。仁愛に満ちていれば、人を愛し、人に同情し、部下の勤勉さや労苦を賞賛する。勇猛であれば、一瞬の躊躇もなく、時宜を得て勝利を獲得する。厳格であれば、配下の将兵は統制がとれている。なぜなら、彼らは将軍に畏敬の念を感じるとともに、罰せられることを恐れるからである。

申包胥《しんほうしょ》（春秋時代の楚の政治家）：「将軍が勇猛でなければ、確信を持つことはできず、雄大な作戦を立てることもできない」

＊7　この文章における「天」という漢字は、明らかに現在の「天候」の意味で用いられている。

8. 私が意味する「法」とは、軍隊内部の組織編制、職権、将校への部署割当て、主要軍需物資の配給などに関する軍法や軍制のことである。

9. 以上の五つの基本事項は、将軍なら必ず承知しているものである。これらを熟知している将軍は勝つが、熟知していない将軍は負ける。

10. したがって、作戦立案に際しては、次の要素をもとに十分に比較検討し、評価を下す。

11. 例えば、敵味方のどちらの君主が有徳の人であるか、どちらの将軍が有能であるか、どちらの軍隊が天と地の利を得ているか、どちらの軍令が行き届いているか、どちらの軍隊が強いか。*8

張預：戦車が強く、軍馬が速く、将兵が勇猛であり、鋭利な武器を持つ軍隊なら、太鼓の音を聞けば喜んで突進し、銅鑼が鳴り響けば、たちまち撤退する。有能な将軍は軍隊をこのように指揮できるものだ。

12. 練度が高いのはどちらの軍隊か。

杜佑《とゆう》(唐代の歴史家):したがって、王師はいう。「将校が厳しい軍事演習に慣れていなければ、戦場では不安に駆られて判断力が鈍ってしまう。将軍が軍事演習に習熟していなければ、敵軍に遭遇すると恐怖心に襲われるだろう」

13. 信賞必罰が公明正大に行われているのはどちらか。

杜牧:賞罰いずれも行き過ぎは禁物である。

*8 前述2の七つの要素とは、文章11、12、13で示されている。

14. 私はこれらのことを比較検討することにより、勝敗の行方を予測できる。

15. 私の戦略を採用する将軍は必ず勝利するから、留任させよ。一方、私の戦略を採用しない将軍は必ず敗北を喫するから、辞任させよ。

16. 私の戦略の長所に留意した将軍は、戦果を挙げるための「状況」を作り上げる必要がある。[*9] 将軍が戦略の長所に基づいて適宜行動することで「状況」を作り出せば、その結果として勝敗の行方を左右できる。

17. 戦争の基本は、敵をだますことにある。

18. したがって、作戦展開が可能であっても、不可能のように見せかける。軍隊の運用が可能であっても不可能のように装う。

19. 実際には近づいていても、あたかも遠く離れているかのように振る舞う。実際には遠く離れていても、あたかも近くにいるかのように振る舞う。

20. 敵軍に餌を見せて誘い出し、敵軍の混乱に乗じて攻撃する。

杜牧：春秋戦国時代の趙の将軍李牧《りぼく》は、匈奴《きょうど》の偵察隊が近くに来ると、撤退を偽装するため家畜と農民を何千人も置き去りにした。これを知った匈奴の王単《ぜん》于《う》は大いに喜び、大軍を率いて押し寄せた。李牧は左右に伏兵を配置しておいて、猛攻撃を仕掛け、匈奴の軍隊を撃破し、十万人以上の騎兵を亡き者にした。*10

21. 敵軍の兵力が充実しているなら、こちらは防御を固める。敵軍が強大であれば、こちらは衝突を回避する。

*9 注釈者たちはこの部分の解釈に同意していない。
*10 匈奴は、何世紀にもわたって中国人を悩ませた遊牧民族である。その匈奴の侵攻から中国を守るために建設されたのが万里の長城である。

22. 敵軍が激怒して平常心を失っているなら、挑発して余計に混乱させる。

李筌：将軍が短気なら、その威厳を容易に壊すことができる。性格的に脆弱なところがあるからだ。

張預：将軍が頑固ですぐに怒り出す人間ならば、わざと挑発し、激怒させる。そうすれば、将軍はいらいらするようになり、判断が乱れる。そのうち、作戦も立てずに、こちらに向かって無謀な突撃を仕掛けてくるだろう。

23. こちらが弱小であるかのように装い、敵軍がますます増長するように仕向ける。

杜牧：秦代末期にかけて、匈奴の王冒頓単于《ぼくとつぜんう》が初めて権力を手にした。当時強大であった遊牧民族の東胡《とうこ》が使者を寄越し、「父上の頭曼単于《とうまんぜんう》が持っておられた千里の馬を頂きたい」と要求した。

冒頓単于が側近に相談すると、全員が反対であると叫んだ。

「千里の馬！　この国で最も貴重な宝ではございませんか。絶対に応じてはなりません」

だが、冒頓単于は意外な反応を示した。

「たかが馬などくれてやる。何が惜しいものか」

結局、冒頓単于は千里の馬を東胡に進呈した。[*11]

ほどなくして、東胡が再び使者を寄越し、「寵姫を一人所望したい」と要求した。

冒頓単于が側近に相談すると、やはり全員がいきり立って反対した。

「東胡はまことに無礼千万！　今度は側室が欲しいとは身の程知らずも甚だしい限りであります。主上よ、なにとぞ攻撃をお命じください」

だが、冒頓単于は今回も意外な言葉を口にした。

「若い女の一人ぐらいくれてやる。何が惜しいものか」

そこで、冒頓単于は寵姫を一人東胡に差し出した。

＊11　頭曼単于は匈奴を統一した初代の王である。千里の馬とは、草も食べず、水も飲まずに千里を駆け抜けると称される馬である。この表現は抜群の運動能力を持つ名馬を意味しており、優れた血統を残すために保有していたのは間違いない。

それから日を置かずして、またしても東胡が使者を寄越し、「貴国は千里の荒地をお持ちであろう。それを頂きたい」と要求した。冒頓単于が側近に相談すると、今度は容認派と拒絶派に分かれた。この様子を見て、冒頓単于は激怒した。

「土地は国家の根幹であろう。それを他国に譲れるものか！」

容認派の側近はすべて斬首された。

その後、冒頓単于は馬に飛び乗り、皆に向かって「遅れた者に首はないものと知れ！」と叫ぶと、そのまま東胡に奇襲攻撃をかけた。東胡は冒頓単于を軽んじていたため油断しており、防御の備えを怠っていた。その結果、東胡は侵攻を簡単に許してしまい、大敗を喫した。

冒頓単于は軍勢を西方に向きを変えると、今度は月氏を攻略した。南方では楼《ろう》煩《はん》を併合し、燕《えん》にも侵攻した。これにより、秦の将軍蒙恬《もうてん》に奪取されていた匈奴の先祖伝来の領土を完全に回復した。*12

陳皡《ちんこう》（唐代の歴史家）：敵軍の思慮を失わせるには、少年や女性を差し出すがよい。野望を刺激するには、高価な翡翠《ひすい》や上等な絹織物を供するがよい。

24. 敵軍が絶えず緊張状態に陥るように仕向け、疲れ果てさせる。

李筌：敵軍が休息に入るたびに攻撃を仕掛けて休ませず、体力を消耗させる。

杜牧：後漢末期にかけて、曹操が劉備に勝利すると、劉備は袁紹《えんしょう》のもとに逃亡した。袁紹は軍勢を率いて曹操と一戦を交えようとしたが、参謀の田豊《でんほう》はこれを諫めた。

「曹操は用兵が巧みであり、よほど作戦を練らないと勝てません。ここは持久戦に持ち込み、時間を稼いでおくに越したことはございません。その間、将軍様におかれましては山河の防備を固め、すでに平定した四州の保持に尽力すべきであります。国外では強大な国々の君主と同盟を結び、国内では兵農一体の政策[*13]を推進しましょう。その後、精鋭部隊を創設し、特別部隊に組み入れるのです。敵の

*12 秦代には、蒙恬が国境付近の遊牧民族を制圧し、万里の長城の修築に着手した。また、蒙恬が毛筆を発明したという説はあるが、そうではないだろう。ただし、当時の毛筆に何らかの改良を施したということは考えられる。

*13 この「兵農一体の政策」とは、辺鄙な土地に農民が兵士も兼ねる集落を作ることであり、そこには家族も一緒に住まわせる。土地を耕す時期もあるが、それ以外は必要に応じて身体の鍛錬や戦闘技法習得などの軍事訓練に費やす。ソ連はこの政策をシベリアで推進した。現在は中国の辺境地域で実施されている。

手薄な地点に狙いを定めて何度も出撃し、黄河南岸を混乱に陥れます。曹操がその右翼を助けに来れば、左翼を攻撃し、左翼の救援に来れば、右翼を叩きます。このようにして、曹操に休息する間を与えず東奔西走させ、疲労困憊させるのです。将軍様がこの必勝戦略を退け、一大決戦に勝負を賭けるおつもりならば、後悔しても遅すぎますぞ」

結局、袁紹は田豊の戦略を採用しなかったため、大敗を喫した。*14

25. 敵軍の団結心が強ければ、内部分裂するように仕向ける。

張預：君主と大臣は対立することがあり、ときには同盟国との間に亀裂が入ることもある。したがって、彼らが互いに猜疑心を持つように仕向ければ、分裂させることができる。そうなれば、彼らに謀略を仕掛けることも可能になる。

26. 敵軍の無防備な地点を攻撃すれば、不意を突くことができる。

何延錫《かえんし》（宋代の学者）：唐の李靖《りせい》は梁の蕭銑《しょうせん》を撃破するための十策を上申したところ、軍隊の指揮を全権委任された。八月、李靖は夔州《きしゅう》*15に兵を集めた。この時期は洪水の季節であり、長江が氾濫して三峡の道路は通行が危うくなっていた。このため、蕭銑は李靖の軍が進撃してくるはずはないと思い込み、防御の準備を怠った。

九月、李靖は軍隊の指揮を執り、将兵を次のように鼓舞した。

「戦争では神速を尊ぶものだ。機会を見逃す余裕はない。今、わが軍が結集していることを、あの蕭銑はまだ気づいていない。長江が氾濫しているこの好機に乗じ、敵の城下まで一気に奇襲攻撃を仕掛けるのだ。世に『雷が鳴り響けば、耳を押さえるひまはない』というではないか。たとえ気づいたとしても、迎撃作戦をすぐに思いつくはずもない。奴を間違いなく生け捕りにできるぞ」

李靖軍が夷陵《いりょう》（現在の湖北省宜昌《ぎしょう》市）まで進攻すると、蕭銑は心配になり、長江

*14 「三国時代」として知られている頃、北西の魏、南西の蜀、長江流域の呉という三国が天下に覇を唱えようと争っていた。
*15 夔州は現在の四川省にある。

の南側から将兵を呼び戻そうとしたが、交戦には間に合わなかった。李靖が町を包囲すると、蕭銑は投降した。

「不意を突くことができる」とは、例えば魏が蜀を滅ぼすために鍾会《しょうかい》と鄧艾《とうがい》という二人の将軍を派遣したときに展開された奇襲攻撃のことである。*16

冬の十月、鄧艾は陰平《いんぺい》（現在の甘粛省隴南《ろうなん》市）を出発し、山を切り開いて道とし、谷に吊り橋をかけ、険阻な無人の荒野を七百里以上も歩いた。山は高く、谷も深かったため、命がけの進軍となった。その上、食糧も底を突きかけており、鄧艾軍は行き倒れ寸前であった。そこで、鄧艾は決死の覚悟をした。自ら毛布にくるまり、崖を転がり落ちて高山を越えることにしたのである。他の将兵は樹木の枝につかまりながら、崖を降りていった。こうして、鄧艾軍は断崖をメザシのように連なりながら降りていった。

鄧艾が蜀の江油《こうゆ》（現在の四川省綿陽市中部）に姿を見せると、江油城守の馬邈《ばばく》は勝負あったと悟り、抵抗せずに降伏した。一方、綿竹（現在の四川省徳陽市）で激しく抵抗した諸葛瞻《しょかつせん》は斬首された。鄧艾軍が成都に攻め入ると、蜀の第二代皇帝劉禅《りゅうぜん》は降伏した。

27. 以上は兵法家が説く勝利への道である。いずれもその場の状況に応じた作戦なので、出陣前に論じることはできない。

梅堯臣：敵に遭遇したときには、常に変化する状況に対応し、臨機応変の作戦を考えよ。このような作戦を事前に論じることができるだろうか。

28. 開戦の前に、祖先の霊廟で勝敗を分析した結果が勝利となるのは、敵側よりも味方の側に勝算が多いからである。逆に、その分析の結果が敗北となるのは、味方の側の勝算が少ないからである。勝算が多ければ、実戦でも勝利し、勝算が少なければ、実戦でも敗北する。ましてや、勝算がほとんどないのであれば、実戦でも勝利するはずはない。私がこのような分析を加えた結果に

*16 この作戦は二六三年に実施された。

よれば、この戦争の勝敗の行方は明らかである。*17

*17 本部分は内容が混乱しており、英訳は難作業であった。当初の勝算を立てるには、いくつかの用具を用いる。ここでは「筭《さん》」という漢字が用いられているので、計算用の竹棒で敵味方の勝算を比較するものと思われる。比較に用いる「要素」や「要因」の種類や評価方法はわからないが、彼我の力量の比較方法が合理的であることは間違いない。また、計算の対象となるのは国力と兵力の二つのようだ。前者は3で記述された五つの基本的事項を比較する。これで勝算ありとなれば、次は兵法学者が11、12、13に記述された七つの要素（兵力、練度、信賞必罰の公正さなど）を比較検討するのであろう。

TRANSLATION

2

Waging War

作戦篇

本篇

孫子はいう。

1. 戦争を仕掛けるなら、一般的には馬四頭立ての軽戦車千台、馬四頭立ての皮革装甲輜重車《しちょうしゃ》千台、武具を身につけた歩兵一〇万人が必要である。

杜牧：古代中国の戦車戦の場合、「皮革装甲の戦車」には攻撃用の軽戦車と物資輸送用の重戦車がある。後者は鉾槍、兵器、軍装備品、貴重品、軍服などを運ぶ輜重車である。秦代に書かれた兵法書『司馬法』によれば、「軽戦車一台に重装備の将官三人が乗り、軽装備の歩兵七二人が従う。さらに、輜重車には炊事担当一〇人、軍服保管担当五人、馬の飼育担当五人、薪水担当五人、合計二五人が付き従う。軽戦車一台に将兵七五人、輜重車一台に二五人が必要である。したがって、それぞれの戦車を同時に用いるとすれば合計百人が必要であり、これを一隊とする」とある。*1

2. 千里の遠方にまで食糧を輸送するとなれば、国内および現地での出費、顧問団や賓客の接待、膠《にかわ》や漆などの武具の材料、戦車や甲冑などの調達のために、一日千金もの巨費を投じ続けることで、ようやく一〇万人の軍隊を動かすことができる。

李筌：今、軍隊が国外に出撃するならば、国庫は払底するだろう。
杜牧：軍隊には属国の君主から友好訪問を受ける儀式がある。孫子が「顧問団や賓客」のことに触れているのはこのことである。

3. 戦争の主な目的は勝つことにある。しかしながら、戦争が長引けば、兵器は錆び付き、軍隊の士気も衰えてしまう。城攻めを行えば、戦力も尽きてしまう。

4. 長期戦に突入すれば、国家財政は逼迫してしまう。

張預：前漢の武帝は戦争を長引かせながら何の戦果も挙げられず、国家を払底させた。武帝はこの事態を恥じ、「輪台《りんだい》の詔《みことのり》」という文書を発して自己批判した。

5. 戦闘が長引くことで兵器の調子がおかしくなり、戦意は失われ、軍隊は消耗し、財貨も使い果たす事態に陥れば、それまで中立であった隣国もこのような疲弊した状況に乗じて攻撃を仕掛けてくる。そうなれば、自軍内に智謀に長けた軍師がいようとも、事態を収拾できるような妙案を捻り出すことはで

＊1 すなわち、攻撃要員と後方支援要員の比率は、三対一である。

きないであろう。

6. したがって、戦争を拙速に切り上げた例はあるが、巧遅を目指して長引かせたために首尾よく収拾できた例はない。

杜牧：攻撃は必ずしも巧妙でなくてもよいが、神速で仕掛けなければならない。

7. そもそも戦争が長引いたことで、国家が利益を受けた例は一度もない。

李筌：史書『春秋』では、「戦争は火のようなものだ。戦争（火）は早めに止めないと、自分が戦争（火）によって焼かれてしまう」と説いている。

8. 要するに、軍隊を動かすことに伴う損害を十分に理解できない人間には、そうすることによる利益も十分に理解できない。

9. 戦《いくさ》上手な人間は、民衆に二度も兵役を課すことはなく、食糧を三度も前線に補給することはない。[*2]

10. 軍需品は国内から運び出すが、食糧は敵国内で調達する。したがって、食糧は十分なのである。

11. 国家が軍隊を動かすと窮乏するのは、遠征中の軍隊に物資を補給するからである。遠方まで物資を運搬すれば、国内の物資が不足し、民衆は貧しくなる。

張預：軍隊が千里の遠方から食糧を補給しなければならないとしたら、将兵は飢えに苦しむことになる。[*3]

*2 注釈者たちは食糧の補給回数について長々と論じてやまないが、原文は「戦上手は母国に食糧補給を三回も求めることはない（糧不三載）」と読めるのではないか。すなわち、戦上手の将軍は出陣と凱旋の二回だけしか求めず、戦争中は敵国内で食糧を調達する。宋代の百科事典『太平御覧』は、曹操の説に従い、「戦上手の将軍は食糧補給を母国に再び求めることはない」と解説しているが、これはあくまでも戦争中の話であり、私もこの説に賛同する。

*3 この注釈は5　勢篇10に対するものであるが、こちらのほうが適切であろう。

12. 軍隊の駐留地では、物価が高くなる。そうなれば、民衆の蓄えは乏しくなる。そうなれば、民衆は重税の取り立てに苦しむようになる。[*4]

賈林《かりん》（唐代の歴史家）：軍隊が集まる地域では、あらゆる物価が高くなる。誰もが品不足に乗じて値段を釣り上げ、法外な利益を得ようとするからだ。[*5]

13. その結果、戦場では軍隊が消耗し、国内では民衆の家財が乏しくなり、生活費も今までの七割に削られてしまう。

李筌：戦争が長引けば、男女ともに結婚できなくなるため、不平不満が溜まるうえに、荷役の負担に疲弊してしまう。

14. また、国家の支出についても、戦車は破損し、軍馬は疲弊し、甲冑《かっちゅう》、弓矢、弩《ど》、戟《げき》、楯、櫓《やぐら》などだけでなく、運搬用の牛車や大型の荷車などの修理や補充をする必要もあることから、平時の六割まで削減されてしまう。[*6]

15. したがって、遠征軍の智将はなるべく敵軍の食糧を奪おうとする。敵軍の食糧一鐘《しょう》（約五一リットル）は自軍の食糧二〇鐘分の価値があり、牛馬の飼料一石《せき》（約三一キログラム）は自軍の飼料二〇石分の価値があるからだ。

張預：千里も離れた自国から食糧二〇鐘を補給すると、（谷底や河川に落ちたりして）軍隊に到着する頃には一鐘にまで減損しているだろう……途中の地勢が険阻であれば、補給する食糧はさらに多く用意しなければならない。

16. 敵軍を殺すのは、わが軍の将兵が憤怒に駆られているからだ。[*7]

*4 または、「軍隊の駐留地に近いところでは（例えば、作戦本部付近）、物価が高騰する。そうなれば……」。この「重税」とは特別な軍事税であり、家畜や穀物の強制供出あるいは荷役義務を課せられる。
*5 この注釈は本来直前の文章11に向けたものと思われるが、この文章12の注釈として再配置した。
*6 この部分において、孫子は「弩」という特別な漢字を用いている。
*7 この部分は場違いのように思う。

何延錫：燕軍は斉国の即墨《そくぼく》（現在の山東省青島市の一部）城を包囲し、捕虜にした斉兵の鼻をすべて削ぎ落としてしまった。*8 これを見た斉人は激怒し、命がけで城の守備に徹した。守将の田単《でんたん》は間者を放ち、「燕軍の奴らが墓を荒らし、我らの先祖を辱めるのではないかと心配だ。そんなことをされると、心の底から恐ろしくなる」という噂を流した。
燕軍はこれを聞くとすぐに斉人の墓を掘り起こし始め、先祖の遺体を焼き捨ててしまった。即墨城内の人々は城壁からこの様子を目撃すると号泣し、直ちに出陣すべしと怒った。田単は憤怒の激情が人の力を一〇倍に増強させることを知っていたのである。かくして、斉軍の士気は大いに上がり、出撃の準備は整った。斉軍は燕軍に大打撃を加え、潰走《かいそう》させた。

17. 敵の財物を戦利品として奪い取るのは、自分の富を増やしたいからである。

杜牧：後漢の頃、荊州《けいしゅう》（現在の湖北省一帯）の長官に相当する刺史の度尚《どしょう》が、桂州（現在の広西チワン族自治区桂林市一帯）で反乱を起こした卜陽《ぼくよう》や潘鴻《はんこう》などを攻撃した。次に、度尚は南海（現在の広東省広州市）に入り、反乱軍の拠点を三つ叩き、数多くの戦利品を手中に収めた。だが、潘鴻とその一味は依然として一大勢力であり、兵力も衰えていなかった。

度尚は、士卒に熱弁をふるった。

「卜陽や潘鴻は兵を挙げてから一〇年になる。この両者は攻守ともに長けている。したがって、我々がなすべきことは、皆の力を合わせ、奴らを撃破することだ。何も恐れることはあるまい。今の諸君ならば、奴らは絶好の獲物になる」

これを聞いた将兵は喜び、上下を問わず敵軍をおびき寄せる作戦に着手した。

作戦部隊が出発すると、度尚はすぐに人を密かに手配し、自軍の陣営に火をつけた。そのため、戦利品としてこれまで溜め込んでいた財宝の数々はすべて灰燼に帰した。作戦から戻った将兵が灰となった財貨を見て、泣かない者はなかった。

そこで、度尚は改めて激励した。

「卜陽一味は巨万の富を抱えている。それは何世代にもわたって豊かな暮らしが

＊8　この攻城戦は紀元前二七九年の話である。

できるほどのものだ。諸君はまだ全力を尽くしたわけではあるまい。今、諸君が失った戦利品など、たかが知れている。気にするほどのことがあろうか」

これを聞いた将兵は改めて戦意を奮い立たせ、いざ戦わんと願った。度尚は、馬には餌を与え、配下にはよく食べ、早く寝ろと命じた。翌日の早朝、全軍は反乱軍の陣営に向けて出陣した。[*9] 卜陽と潘鴻の陣営は防御の態勢を整えていなかったために、度尚軍の猛攻を受けて壊滅した。

張預：北宋の初代皇帝太祖（趙匡胤《ちょうきょういん》）は、諸将に蜀の討伐を命じ、次のように指示した。

「奪取した都市や城では、わしの名において、宝物庫や朝廷の倉庫をすべて空にして将兵に報いてやるがよい。国家として欲しいのは領土だけだからな」

18. したがって、戦車戦で敵の戦車を一〇台以上捕獲した場合、これらを最初に捕獲した者に褒美として与え、その戦車の旗や幟を自軍のものと差し替え、自軍に組み入れて利用する。

19. 捕虜は厚遇され、飲食の提供を受ける。

張預：すべての捕虜が寛大かつ誠意をもって遇されるのは、今度は自軍で働いてもらうかもしれないからだ。

20. このようにすれば、敵軍に勝利するたびに自軍の強さが増していくというものだ。

21. このように、戦争は勝利を重要視するが、戦いが長引くのはよろしくない。これらのことを考え合わせれば、戦争の本質を熟知した将軍は、民衆の死生を分け、国家の運命をも左右する主宰者となるのである。

何延錫：誰を指揮官に任命すればよいかは、古代でも現在でも難しい。*10

*9 朝食準備用の火をおこす余裕はないはずであるから、将兵は調理済みの食事を食べたのであろうか。
*10 何延錫がこの注釈を書いたのは一〇五〇年頃のことであろう。

TRANSLATION

3

Offensive Strategy

謀攻篇

本篇

孫子はいう。

1. 一般的に、戦争における最善の策とは、敵国を傷つけずに勝利することである。敵国を滅ぼして勝利するのは次善の策である。

李筌：殺戮することを最優先に考えてはならない。

2. 敵軍を傷つけずに勝利することが最善の策であり、敵軍を滅ぼして勝利するのは次善の策である。敵軍の旅団、大隊、小隊を傷つけずに勝利することが最善の策であり、これらを滅ぼして勝利するのは次善の策である。

3. したがって、百戦して百勝することは最善の策ではない。戦わずに敵を降伏させることこそ、最善の策なのである。

4. そうであれば、最善の戦争とは敵の戦略を事前に打破することである。

杜佑《とゆう》：周の軍師太公望《たいこうぼう》は次のように説いている。
「難題を解決することに秀でた者は、事前に手を打っているものだ。敵に勝利することに秀でた者は、敵が現実の脅威となる前にすでに勝利しているものだ」
李筌：敵の戦略を初期の段階で攻撃せよ。後漢の武将寇恂《こうじゅん》が敵将の高峻《こうしゅん》を包囲すると[*1]、高峻は軍師の皇甫文《こうほぶん》を交渉役として寄越したが、その態度や言辞は反抗的で無礼なものであった。寇恂はこれに激怒して斬り捨て、高峻に対して次のように伝えた。

「貴軍の軍師は無礼千万であったので、これを斬った。降伏したければ、急ぐことだ。降伏したくなければ、守備を固めるがよい」

すると、高峻が即日城門を開けて投降してきたので、諸将が寇恂に尋ねた。

「交渉役が殺されたのに、高峻は降伏してきました。なぜでございましょうか」

寇恂はその理由を説明した。

「皇甫文は高峻の腹心であり、軍師である。殺さずに帰せば、奴は自分が立てた作戦を実行しただろう。だが、奴を斬り捨てたので、高峻は肝をつぶして降参した。これこそ『「最善の戦争とは敵の戦略を事前に打破すること』である」

諸将は、「とてもわれらの及ぶところではございません」と感嘆した。

5. その次は、敵国と同盟国の関係を打ち砕くことである。

杜牧：敵国と同盟国を協調させてはならない。

＊1　この戦いが勃発したのは一世紀のことである。

王晳《おうせき》（宋代の学者）：敵の同盟国を調べ上げ、その外交関係を断絶させることだ。敵国が同盟国を持っているのであれば深刻な事態であり、敵側の立場は強固である。敵国が同盟国を持っていなければそれほど憂慮すべき事態ではなく、敵側の立場は脆弱である。

6. その次は、敵軍を攻撃することである。

賈林：太公望は次のように説いている。
「白兵戦で勝利を得ようとする将軍は良将とはいえない」
王晳：戦闘は危険な選択肢である。
趙蕤：敵の戦略を萌芽の段階で阻止できない場合、または敵の同盟関係が締結されようとする前に妨害できない場合、勝利を得るには戦闘準備に入ることだ。

7. 最悪の策は攻城戦である。これは他に選択肢がない場合に限る。

8. 櫓や城攻め用の装甲車を用意し、攻撃兵器を準備するには少なくとも三カ月を要する。陣地の壁を築く土盛り作業はさらに三カ月を要する。

9. 将軍が怒りのあまり、攻撃態勢が整うまで待てず、将兵に城壁をよじ登らせ、総攻撃をかけるということになれば、兵員の三分の一が戦闘中に殺され、しかも城を落とせないということにもなって、これこそ攻城戦の悲劇である。

杜牧：南北朝時代の北魏太武帝は、一〇万人の軍勢を率いて南朝宋の将軍臧質《ぞうしつ》を攻撃しようとして盱眙《くい》（現在の江蘇省淮安《わいあん》市）に到着した。まず、太武帝は臧質に酒を求めたが、*2 臧質は酒の代わりに小便を樽に詰めて贈った。太武帝は激怒し、城攻めを開始した。兵士に城壁をよじ登らせ、白兵戦に突入せよと命じた。だが、盱眙城の守備は堅牢であり、北魏軍の死体は積み重なり、城壁の上部にまで届くほどであった。攻城戦開始から三〇日を経過すると、北魏軍の戦死者は半

*2 当時、挨拶と贈答品の交換は戦闘開始前の通常の儀礼であった。

数を超えてしまった。

10．したがって、軍事の巧者は戦うことなく敵軍を屈服させる。攻撃することなく敵城を陥落させる。長期戦に突入することなく、敵国を降伏させる。

李筌：良将は戦略で勝利する。後漢の鄼侯臧宮《さんこうぞうきゅう》が人を惑わす妖しげな巫《かんなぎ》の一味*3が立てこもった原武《げんぶ》（現在の河南省新郷市）の城を包囲した。だが、何カ月にも及ぶ攻撃を受けても、城は落ちず、逆に臧宮軍の将兵は疲弊し、病気に苦しむ者も続出した。この惨状を見て、東海王（後の後漢第二代皇帝明帝）が臧宮に献言した。

「主上におかれては、現在将兵に城を包囲させ、決死の覚悟で奮戦せよと命じておられます。恐れながら、これでは無策と申せましょう。まずは包囲網を解きましょう。逃げ道があることを教えれば、奴らは必ず蜘蛛の子を散らすように逃げ出します。その後、逃げ込んだ村々で捕らえればよいのです」

臧宮はこの作戦を受け入れたことで、原武城を抜くことができたのである。

11. 軍事の巧者は無傷のままで天下を手に入れようとする。この方法なら、兵力を消耗することなく、利益をすべて手中に収めることができる。これが戦略で敵を攻め落とす方法である。

12. 例えば、兵力を使用する場合、自軍の兵力が敵軍の十倍ならば、包囲する。

13. 自軍の兵力が敵軍の五倍ならば、攻撃する。

張預：自軍の兵力が敵軍の五倍なら、敵将の注意を前線に向けさせながら、東側では大音響で騒ぎを起こし、同時に西側から攻撃を仕掛ける。

14. 自軍の兵力が敵軍の二倍なら、敵軍を二分させる。[*4]

*3 「妖」という言葉は超自然的な力を意味する。例えば、清朝末期の秘密結社義和団では、神が乗り移れば外国軍の銃弾をも弾き返す不死身になると信じられていた。このような不可思議な言説や妖術を用いて人々を惑わす者は、「妖」賊と呼ばれていた。

杜佑：作戦を実施するのに二倍の兵力では不足というなら、おとりの部隊を用いればよい。太公望は、「敵軍が分裂するように誘導できない将軍には、奇抜な戦法を論じる資格はない」と断じている。

15．彼我の兵力が同等なら、死に物狂いで戦う。

何延錫：この場合、有能な将軍だけが勝利できる。

16．自軍の人数が劣勢なら、退却の可能性を考える。

杜牧：自軍が劣勢なら、まずは突撃せずに様子を見る。その後、敵軍の隙をついて攻撃できるだろう。それから将兵を鼓舞し、決死の覚悟で勝利を目指すのだ。

張預：敵軍が強大で自軍が劣勢なら、当面は撤退し、交戦してはならない。*5 これには将軍の智勇と将兵の統制の取れた行動が求められる。自軍に乱れがなく、敵軍に乱れがある場合、または、自軍の士気が高く、敵軍の士気が衰えている場合、敵軍が人数的に優勢であろうとも、自軍が勝利する可能性は高い。

17. どう考えても自軍に勝算がなければ、巧みに身を隠すことだ。小兵力の軍隊が戦いを挑めば、大兵力の部隊の餌食になるだけだからだ。[*6]

張預：孟子は次のように説いた。

「小規模な部隊が大規模な部隊に勝てず、貧弱な軍隊が強大な軍隊に勝てず、少人数の部隊が大人数の部隊に勝てないのは、どれも当たり前のことである」[*7]

*4 この文章の中国語原文は「敵則能戦之」である。これを「自軍を二つに分ける」と解釈する注釈者もいる。だが、前二つの文章の中国語原文は「五則攻之」と「倍則分之」であり、これらに出てくる「之」が敵軍であることを考えれば、この文章だけ「自軍」と考えるのは無理だろう。

*5 杜牧と張預はいずれも突撃を避け、ひとまず様子を見るか、一時的に撤退することを勧めている。すなわち、攻撃的な行動に移るのは状況の好転を見極めた後にせよ、と説いている。

*6 「小兵力の軍隊」とは、軍隊が保有している兵器や装備のことに注目した表現のようだ。

*7 『The Chinese Classics』（中國古典名著八種）第二巻（孟子）、第一分冊、第七章

18. そもそも、将軍とは国家を守護する役割を果たすものだ。この守護者が君主と親密な関係にあれば、国家は間違いなく強大であるが、その関係に隙があれば、国家は間違いなく弱体化する。

張預：太公望は次のように説いた。「君主が将軍に良き人物を得れば国家は繁栄するが、そうでなければ、国家は崩壊する」

19. すなわち、君主が軍隊に不幸をもたらす場合は三つある。

20. 第一に、軍隊が前進すべきではないときに前進を命じ、退却すべきではないときに退却を命じることだ。これを「軍隊の足手まとい」という。

賈林：軍隊の進退については、将軍が臨機応変に決定すればよい。前線から遠く離れた朝廷から受ける君主の命令ほど迷惑なものはない。

21．第二に、軍隊内の実情も知らないのに、将軍と同等の立場で軍事行政に介入することだ。これでは、将兵はどちらの命令に従うべきかと混乱してしまう。

曹操：軍隊は平時の礼儀作法に従って動くようなものではない。
杜牧：礼儀や法令に関しては、軍隊には軍法というものがあり、通常はこれに従う。この軍法が平時の国法と同じようなものならば、将兵は混乱する。
張預：仁愛と正義は国家を統治するには有用かもしれないが、軍隊を統制するには向かない。臨機応変や柔軟性は軍隊の統制には有用かもしれないが、国家の統治には向かない。

22．第三に、軍隊の指揮権の何たるかも知らないのに、*8 将軍と同等の立場で指揮権に介入することだ。これでは、将兵は将軍の指揮に服するべきか否かと疑念が生じることになる。

*8 中国語原文は「不知三軍之権」であり、「権」とは指揮権のことである。

王晳：軍事を知らない者が軍事行政に介入すると、何をしても将軍と意見が衝突し、互いに不満が高まり、全軍の士気が衰えてしまう。だからこそ、唐代の宰相裴度《はいど》は皇帝に対し、軍隊の監視役である監軍[*9]の引き上げを上奏した。この監軍が消えたおかげで、行動の自由を取り戻した軍隊は、蔡州（現在の河南省駐馬店市）を平定することができた。

張預：近年、朝廷は役人に監軍の役を命じているが、これは明らかに間違っている。

23. 軍隊の行政が混乱し、指揮命令に疑念が生じているとなれば、周辺の諸侯が攻め込んでくる恐れが出てくる。これを「混乱した軍隊は敵の勝利を呼び込む」という。[*10]

孟氏（梁代の学者）：

太公望は次のように説いた。

「上官の命令に疑いを抱くような軍隊では、敵軍に対応できるはずはない」

李筌：ふさわしくない人材を指揮官に任命してはならない。趙国の上卿（上位の大臣に相当）である藺相如《りんしょうじょ》は君主に対し、総大将の選定について次のように上奏している。

「趙括《ちょうかつ》は名将と称えられた父奢の兵法書を読んでいるだけに過ぎず、戦場では臨機応変に対応すべきことを知りません。主上は彼の名声だけを頼りに総大将に任命しようとしておられますが、なにとぞご再考くださいませ。このような人物は『琴柱《ことじ》に膠《にかわ》す』と申します。すなわち、琴柱とは音の調子を調整する部品であり、これを膠のような接着剤で固定すると、調整できなくなります。これと同じように、趙括が総大将になれば、兵法書通りの原理原則に縛られ、融通の利かない采配に陥る恐れがあります」

＊9 唐代の「監軍」は朝廷が派遣した監視役であった。八一五年、裴度は宰相に就任し、八一七年には皇帝に対し、軍隊の指揮権に介入していたに違いない監視役を引き上げさせ、自分を将軍に任ずるように上奏した。
＊10「周辺の諸侯」とは「近隣の封建君主」のことである。どの注釈者も「混乱した軍隊は勝利を自ら失う」ことを認めている。

24. そこで、勝利が事前にわかるのは五つの場合である。

25. 第一に、戦えば勝てるときと戦えば負けるときを見極められる場合である。

26. 第二に、大部隊と小部隊のいずれの動かし方も知っている場合である。

杜佑：戦争では、大勢の軍隊が少数の軍隊を攻撃できないときがあり、弱小の軍隊が強大な軍隊を打破することもある。そのような状況を作り出せるならば、勝利できる。

27. 第三に、将兵が上下を問わず勝利に向けて一丸となっている場合である。

杜佑：孟子は説いた。

「天の時は地の利に如かず、地の利は人の和に如かず*11」

28. 第四に、自軍が万全の策略を整え、油断している敵軍を待っている場合である。

陳皞：無敵の軍隊を作り出し、敵軍が油断するときを狙えば、必ず勝てる。

何延錫：君子は言う。

「浅慮の者に頼り、準備を怠ることは、最大の罪である。不慮の事態に備えて準備を怠らないことは、最も賞賛されるべきである」

29. 第五に、将軍が有能であり、君主も軍隊に干渉しない場合である。

杜佑：したがって、王師が説いている。

「将軍の任命は君主の権限であるが、戦場における決定権は将軍にある」

王皙：賢明な君主は、将軍にふさわしい人物を見抜き、その者に責任を委任し、

＊11『The Chinese Classics』（中國古典名著八種）第二巻（孟子）、第二分冊、第一章、八五ページ

然るべき戦果を期待する。

何延錫：戦争では、一歩歩くうちに百の状況変化が起きる。可能と見れば前進し、困難と見れば退却する。だが、将軍が君命を待たなければならないとすれば、例えば、兵士が上官に消火を求めても、消火の君命が届く頃には灰も冷めているだろう。また、君命を求める前に、まず監軍に相談しなければならないこともある。すなわち、道のそばで家を建てようとして、その道を歩く人々に助言を求めているようなものだ。もちろん、そんなことでは家が完成するはずはない。君主が有能な将軍に対して狡猾な敵軍の鎮圧を求める一方、軍隊の指揮命令にも介入するなら、「韓盧《かんろ》を馳せて蹇兎《けんと》を逐《お》う」の逆を行くようなものだ。すなわち、韓盧（春秋戦国時代の韓の国の名犬）の足を縛って蹇兎（脚の悪い兎）を追わせるようなもので、勝てる戦いも勝ちようがない。

30. 以上の五つの場合には、勝利が事前にわかるのである。

31. したがって、敵軍の内情を知り、自軍の実情も知っていれば、百回戦ったとしても決して危険な事態には陥らない。

32. 敵軍の内情は知らなくても、自軍の実情を知っていれば、勝算は半々だ。

33. 敵軍の内情も自軍の実情も知らなければ、戦えば必ず危険な事態に陥る。

李筌：そのような軍隊は「狂気の賊」と呼ばれ、敗北への道しか残されていない。

TRANSLATION

4

Dispositions

形篇[*1]

本篇

*1 「形」とは、形状、様子、外観という意味だけでなく、より狭義には「隊形」や「陣形」という意味もある。古典的な兵法書で本篇を「軍形」篇としているのは、おそらく曹操の解釈に従っているからである。

孫子はいう。

1. 古代中国において、巧みな戦いを展開する者は、まず自軍の守備を完璧に整えたうえで、敵軍が隙を見せる瞬間を待ち受けたものだ。

2. 守備を完璧に整えるのは自軍次第であるが、敵軍が隙を見せるかどうかは敵軍次第である。

3. 巧みな戦いを展開する者でも、自軍の守備を完璧にすることはできても、敵軍が確実に隙を見せるように仕向けることはできない。

曹操：守備固めは自軍の問題であるが、敵軍を確実に油断させることはできない。

4. したがって、勝ち方は知っていても、必ずしも勝てるとは限らないのである。

5. 無敵かどうかは守備の話であり、勝てるかどうかは攻撃の話である。

6. 戦力が不足するなら守備に回り、戦力に余裕があれば攻撃する。

7. 守備に秀でた者は大地の奥深くに隠れ、攻撃に秀でた者は天上の高みを動く。このようにして、彼らは自軍を防御しつつ、完璧な勝利を得ることができる。*2

杜佑：守備の得意な者は、基本的に山河や丘陵地などの険阻な地勢を有効利用し、攻撃しやすい地点を敵軍に察知されないように作戦を練る。例えば、大地の奥深く掘り下げ、密かに身を隠す。攻撃の得意な者は、基本的に天の時や地の利に乗じ、臨機応変に水攻め火攻めを展開し、敵軍がどこを防御すればよいのかわからないように作戦を練る。例えば、天上の高みから電撃作戦を仕掛ける。

8. 勝敗の行方を見通す力が人並みでは、とても戦の巧者とはいえない。

李筌：井陘《せいけい》の戦いでは、前漢初の武将韓信《かんしん》が朝食の前に出撃して趙軍を破った。出撃前、韓信は諸将に対し、「今日は趙軍を叩きのめしてから、朝飯を楽しもうではないか」と告げた。だが、趙軍は多勢であり、自軍は無勢である。諸将は落

*2 中国語原文では「蔵九地之下（大地の奥深くに隠れ）」と「動九天之上（天上の高みを動く）」である。これは天と地がそれぞれ九層で構成されているという古代中国の考え方を反映した表現である。

胆したが、仕方なく「御意」と応じた。そして、この戦いで展開されたのが背水の陣である。これは常人には思いも寄らぬ作戦であった。案の定、城壁によじ登って漢軍の陣形を見た趙軍は、「漢の将軍は兵法も知らないようだぞ」と皆大笑いするばかりであった。ところが、漢軍は趙軍に勝ったのである。韓信は朝食を食べた後、趙の宰相陳余《ちんよ》を斬首に処した。*3

9. 戦争に勝利したことで世間の賞賛を浴びるようでは、とても戦の巧者とはいえない。「秋毫《しゅうごう》」（秋に抜ける動物の細い毛）を持ち上げても、力持ちとはいえない。太陽や月が見えても、視力がよいとはいえない。雷鳴が聞こえても、耳がよいとはいえない。*4

張預：孫子が用いた「秋毫」という言葉はウサギの毛のことであり、秋頃に生え変わる毛は特に細い。

10. 古来、戦の巧者と呼ばれる者は簡単に勝てる敵には必ず勝ったものだ。*5

11. したがって、戦の巧者が戦争に勝利しても、智謀家の名声は得られず、武勇の手柄もない。

杜牧：勝利が明らかになる前に勝利しても、その理由は誰にもわからないので、智将の名誉は得られない。刀剣を血に染める前に敵国が降伏すれば、武勇を立てる機会もない。

何延錫：戦わずして敵軍が屈服すれば、武勇を誇る者は誰もいない。

12. なぜならば、その勝利には危なげがないからだ。「危なげがない」というの

*3 韓信は自軍の将兵を「死地」に置いた。乗ってきた舟を燃やし、釜を壊した。背後には川が迫り、前方には趙軍が広がっていた。こうなれば、敵軍を打ち破るか、川で溺れ死ぬか、のいずれかしかなかったのである。
*4 戦術的に見れば、激戦での勝利は幸運による勝利とそれほどの違いはない。
*5 敵を簡単に倒せるのは、戦の巧者が勝てる条件を事前に整えていたからだ。

は、どう転んでも勝てるということであり、すでに負けている敵軍に勝つようなものだからだ。

陳皞：戦術的には無用の動きがなく、戦略的には無駄な作戦がない。

13．戦の巧者は自軍を絶対に負けない立場に置き、敵軍が負ける機会を逃さない。

14．このように、勝利する軍はまず勝利を確実なものにしてから戦闘を開始するが、敗北する軍はまず戦闘を開始してから勝利を目指すのである。

杜牧：唐初の名将李靖《りせい》はこう言った。

「良将に求められる資質は、状況を明察し、将兵を団結させ、遠大な計画を伴う深遠な戦略を持ち、天の時を知り、人間的な要因を見極める能力である。敵軍と一戦を交える事態に直面したとき、このような能力に欠けた将軍なら、前進するにも躊躇するなど、優柔不断に動いてしまう。左右の側近を不安げに見ても、誰からも作戦ひとつ出てこない。また、信用できない報告でも軽々しく信じ込む。すぐに甲を信じたと思えば、次の瞬間には乙を信じてしまう。臆病者の狐のように進退を繰り返しているうちに、部隊は四分五裂の状態に陥ってしまう。このような無能な将軍に率いられた軍隊は、民衆が恐怖に駆り立てられて熱湯や烈火の中に飛び込んでいくのと何の違いがあろうか。まさに、牛や羊が虎や狼に食べられまいとして必死に逃げ惑う姿と同じではないか」

15. 戦の巧者は戦闘における道理をよく踏まえ、戦闘の原理原則を守るからこそ、自軍を勝利への道に導くことができる。

杜牧：道理とは仁義のことであり、原理原則とは法制度のことである。戦の巧者が仁義に基づいて采配を振り、法制度を守っていれば、敵国に負けることはない。

16. 戦闘の道理とは、第一に測定、第二に量的な評価、第三に計算、第四に比較、第五に勝算である。

17. 第一の道理は、戦場の広さや距離を測定することである。

18. 戦場の土地を測量すれば、戦争に必要な軍需物資の量がわかる。必要な物量がわかれば、将兵の人数がわかる。人数がわかれば、敵軍と比較できる。彼我の戦力が比較できれば、勝算を見極めることができる。

何延錫[*6]：戦場という土地を考えるときは距離と地勢を調べる。それから戦争に必要な物量を考える。軍隊の出陣前には、敵地の地勢の様子を計算しなければならない。例えば、道路はまっすぐか、それとも迂回しているのか、将兵は何名必要になるのか。軍隊の装備は量的に十分か、自軍の士気の高さはどうか。敵軍を攻撃する前に、このように計算してから民衆を動員し、軍隊を出撃させれば、勝利を手にすることができる。

19. 勝利する軍は重い分銅の目方で軽い分銅の目方を比べるように勝利が確定しており、敗北する軍は軽い分銅の目方で重い分銅の目方を比べるように敗北が確定している。

20. 満杯の水を決壊させて深い谷底へ激しく落とすように、勝利する軍隊の将軍は自軍の将兵が敵軍に対して怒濤の勢いで戦うように導く。これが必勝を期すための「形」(態勢)である。

張預:水の性質は高いところを避け、低いところへ急ぐ。せき止められた水が決壊すれば、激しい勢いで谷底へと落ちていく。軍隊の態勢とはまさにこの水のようなものである。敵軍の弱点に狙いを定め、奇襲を仕掛ける。強固なところは避け、手薄なところを攻めれば、奔流する水のように誰にも抵抗できない。

*6 この注釈は、次の5 勢篇18ではっきりしてくる。これらは「勢」の質に関するものである。

TRANSLATION

5

Energy

勢篇[*1]

＊1　「勢」は、「勢力」、「影響力」、「動向」、「エネルギー」、「状況」などを意味するが、注釈者は文脈に応じてこれらの意味を使い分けている。

孫子はいう。

1. 大部隊にもかかわらず、小部隊のように統率が取れているのは、軍隊をうまく編制しているからである。*2

張預：軍隊を運用するには、まず責任を将軍や側近に委譲した後、将兵の戦力を整えることだ。一人は単独兵、二人は二人組、三人は三人組、二人組と三人組で

*2 中国語原文では「分数」と表記されており、本来は「数を分ける」という意味であるが、ここでは各部隊の編制や連携など、運用に関する能力や技術のことである。

五人組とし、これを分隊と称する。[3] 二分隊で班、五班で小隊、二小隊で中隊、二中隊で大隊、二大隊で連隊、二連隊で戦闘団、二戦闘団で旅団、二旅団で軍という。[4] いずれの単位も上部組織に従属し、下部組織を管理監督し、適宜、軍事訓練に励む。かくして、百万人の大部隊でも小部隊のように整然と運用できるのである。

2．大部隊を小部隊のように整然と運用できるかどうかは、編制や指示の問題である。

張預：大部隊を動かすときには、当然ながら広範囲な展開になるため、人間の声や身振り手振りでは、耳で聞き取ることも、目で確認することも難しくなる。そこで、将兵は旗や幟の振り方を見、鉦《かね》や太鼓の音を聞くことで、前進または後退の指示を確認する。かくして、勇者も単独で前進することはなく、臆病者も単独で後退することはなくなる。

3. 軍隊が敵軍の攻撃にすべて見事に対応し、決して負けないようにできるのは、正規部隊と非正規部隊をうまく運用するからである。*5

李筌：敵軍と対面して戦うのが正規部隊であり、敵軍を側面から攻撃するのが非正規部隊である。この非正規部隊の長所を用いずに勝利をもぎ取れる指揮官はいない。

何延錫：敵軍が正規部隊を非正規部隊と勘違いし、非正規部隊を正規部隊と誤解するように仕向ける。加えて、正規部隊が非正規部隊に、非正規部隊も正規部隊に変化できるようにする。

*3 二人組と三人組では携帯する武器が異なることを連想させる。

*4 各単位の人数に関し、班は一〇人、中隊は百人、大隊は二百人、連隊は四百人、戦闘団は八百人、旅団は一六〇〇人、軍は三二〇〇人で構成されている。この軍隊の編制は張預が執筆した当時の事情を反映したものに違いない。

*5 重要なことは、中国語の原文「正」が「正規部隊」や「正攻法」、「奇」が「非正規部隊」や「奇襲」または「奇策」という意味であることだ。正規部隊は敵軍をその場に引き留めるか、注意を散らすように仕向け、非正規部隊は敵軍が予想していない場所とタイミングで奇襲を仕掛ける。敵軍が非正規部隊の存在を認め、これを制圧するように動くならば、この奇襲は自然の成り行きとして奇襲の意味が薄らぎ、正攻法の性格を帯びるようになる。

4．石を卵にぶつけて砕くように、敵軍を容易に撃破できるのは、虚を実で攻めるからだ。

曹操：装備が最も充実した軍隊に装備が最も貧弱な軍隊を攻撃させるということだ。

5．通常、戦闘では正規部隊を用いて会戦し、非正規部隊を活用して勝利する。

6．非正規部隊の有能な兵士の動きには天地のように限界がなく、大河のように尽きることがない。[*6]

7．終わりを迎えては再び始まる循環的なものといえば、出ては没する太陽や満ち欠けのある月の動きである。死してはまた生まれる反復的なものといえば、毎年繰り返される春夏秋冬の移ろいである。

8. 音は五つの音階しかないが、その組み合わせによる音の変化はすべてを聞き分けられないほど数が多い。

9. 色も五種類しかないが、その組み合わせによる色の変化はすべてを見分けられないほど限りがない。

10. 味も五種類しかないが、その組み合わせによる味の変化はすべてを味わい尽くせないほど多種多様である。

11. 同じように、戦闘のあり方も正攻法と奇策の二つしかないが、その組み合わせによる戦い方は無限であり、とても窮め尽くせるものではない。

*6 孫子は「江」と「河」という漢字を用いており、これらは大きな河川を意味する。

12. 正攻法と奇策は互いのなかに生まれ出てくるものであり、その相互作用の様子は終わりのない丸い輪のようである。どこから始まり、どこで終わるのか。それは誰にもわからない。

13. 水が激しく流れると、巨大な岩石も翻弄されてしまうのは、勢いがあるからだ。

14. 鷹や鷲が天空から急降下し、獲物の骨を一撃で打ち砕くことができるのは、その瞬間を見極めているからである。*7

杜佑：敵軍を攻撃するには、猛禽が獲物を一撃で仕留めるような迅速さが必要だ。一撃必殺が可能であるのは、攻撃すべき瞬間を見極めているからだ。猛禽はその瞬間を待っているのだ。

15. したがって、戦の巧者は、勢いを最大限に蓄積し、勢いを一瞬で解き放つ。[*8]

16. 勢いは大弓の弩を最大限に張るときのようなものであり、その瞬間は引き金を引く一瞬のようなものである。

17. 戦場が大混乱の状態[*9]に陥っても、軍隊の統制に乱れは生じない。将兵が渦巻きのように動き回ろうとも、敗北に至ることはない。

李筌：戦場では至る所が騒動と混乱の状態にあるものだ。だが、旗幟で陣形を指図し、鉦や太鼓で陣形を整えていれば、指揮は乱れず、負けることもない。

＊7 または、獲物との距離を見極めているからだ。
＊8 これは以下の杜牧の注釈を参照した。「戦争における勢いは人を殺すほど激しい。その激しさは後述の弩を例に挙げて説明している。また、その瞬間は猛禽が獲物を確実にとらえる一瞬のようなものだ」
＊9 孫子がここで用いた「紛紛紜紜《ふんぷんうんうん》」という擬音語のような言葉は、戦場における騒音や混乱の様子を示すものである。

18. 交戦前の秩序正しい軍隊も指揮官の指示や陣形の再編などで混乱が生じ、交戦前の勇士も戦況が不利になれば臆病風に吹かれ、交戦前の強大な兵力も時間の経過に伴い弱体化していくことがある。*10

杜牧：この文章は、自軍が混乱状態にあると敵軍に思い込ませるには、自軍を統率の取れた状態に保たなければならないという意味である。これが作戦を成功させる条件である。臆病風に吹かれたように見せかけて退却し、追撃してくる敵軍を待ち伏せておくには、勇敢でなければならない。すなわち、将兵には敵軍に殺される恐怖を克服する勇気が求められる。自軍が脆弱であると敵軍に勘違いさせ、思い上がるように仕向けるには、強大な兵力を事前に備えておくことだ。その余裕がなければ、脆弱に見せかけることはできない。

19. 統率を保てるかどうかは軍隊の編制次第である。将兵が勇敢さを保てるかどうかは戦闘に突入する際の勢い次第である。自軍の兵力が強くなるかどうかは軍隊の態勢次第である。

李筌：戦況が有利なら、臆病な兵士も勇者となる。逆に、戦況が不利なら、勇士も怯懦《きょうだ》の輩《やから》となる。兵法には絶対というものはないが、唯一いえることは、状況に応じた兵法でなければ通用しないということだ。

20. そこで、敵軍を巧みに操る者が敵軍にわかりやすい形を示すと、敵軍は必ずその形に対応するように動き、何かを与えると、必ずそれを奪い取ろうとして動く。すなわち、敵軍に餌を与えて誘い出し、事前に配置した伏兵がこれを攻撃するのである。

21. したがって、有能な将軍は戦闘の勢いによって勝利を得ようとするが、配下の個人的な力量に頼ろうとはしない。

*10 杜牧の注釈を参照した。

22. 有能な将軍は配下とする人物を適材適所に配置し、軍の勢いをうまく利用する。[11]

陳皥：有能な将軍は特に時機と迅速性を重んじ、勝負の責任を部下だけに押し付けるようなことはしない。

李筌：血気盛んな者は戦闘で活躍し、臆病な者は防御に長けており、動く前に考える者は参謀役が務まる。このように考えると、役に立たない者はいない。

杜牧：才能のない者を責めてはならない。曹操が漢中（現在の陝西省漢中市）で張魯を攻撃しているとき、張遼《ちょうりょう》、李典《りてん》、楽進《がくしん》の三将軍は七千人余りとともに合《ごう》肥《ひ》（現在の安徽省の省都）を守備していた。目付役として派遣された薛悌《せってい》は、「敵軍が襲来した際に開けよ」という添え書きのある箱を所持していた。しばらくすると、呉の孫権が一〇万人の軍を率いて合肥に襲い掛かってきたことから、箱を開けてみると、次のような命令書が入っていた。

「孫権が攻めてきたら、張遼と李典は城を出て攻撃せよ。楽進は城を守れ。薛悌は戦闘に参加してはならぬ。[12] それ以外の将軍は全員参戦せよ」

諸将がこの内容が腑に落ちなかったため、張遼が説明した。

「主上たる曹操様は遠征中の御身であり、さらに、敵の援軍が到来するのをただ待つだけであれば、われらの敗北は必至である。だからこそ、敵が援軍と合体する前に、われらから即座に攻撃を仕掛けることで敵の矛先を鈍らせ、わが軍の士気を高めるのだ。さすれば、この城が落ちることはない。勝負の行方はこの一戦にかかっているのだ」

張遼と李典は城を出ると、果たして孫権の軍を大いに打ち破った。このため、呉軍は戦意を一気に削《そ》がれてしまった。張遼と李典の軍は城に戻り、防御態勢を整えたので、周囲には安堵感が広がった。その後も孫権の軍は十日間攻めたが、城を抜くことはできず、撤退に追い込まれた。

東晋の歴史家孫盛《そんせい》は、次のように論じている。

「戦争は騙し合いである。合肥の防御戦は孤立無援の戦いであった。この場合、

＊11 有能な将軍なら、縁故やえこひいきではなく、冷静な判断で配下を選抜するものであり、状況に応じた対応にも優れている。

＊12 曹操は目付役を殺気立った戦場から遠ざけ、冷静な判断ができるように配慮した。

好戦的な勇将だけに頼り切ったなら、敗戦の憂き目を見ていたであろう。また、慎重居士の将軍だけに依存したなら、将兵は臆病風に吹かれ、軍を統制することは至難の技であったろう」

張預：人物の選び方は、強欲な者、愚かな者、智恵深い者、勇敢な者を採用し、自然の勢いに任せ、できないことは責めない。状況に相応しい人物を選び出し、責任を与えるなら、自らの能力に応じて活躍してくれる。

23. 勢いに任せて兵士を戦わせる様子は、木や石を転がすようなものである。木や石は平らなところに置けば動くことはないが、不安定な場所に置くと動き出すものだ。木や石に角があれば止まるが、丸ければ転がり始める。

24. このように、軍隊を巧みに動かして戦わせる勢いは、丸い石を高い山から転がすようなものであり、これを戦いの勢いという。

杜牧：したがって、小さな力でも多大な戦績を挙げることができるのである。

張預：唐初の名将李靖《りせい》は、次のように説いた。

「戦争には三つの勢いがある。

第一に、将軍は敵軍を軽んじ、将兵は戦意に満ち溢れ、野心は天高く燃え上がり、勇士は嵐の如く猛々しい。これを気の勢いという。

第二に、曲がりくねった狭い山道の関所を守るときには、一人でも千人を相手に戦うことができる。これを地の勢いという。

第三に、敵軍が怠慢であったり、疲労困憊していたり、飢えと渇きに苦しんでいたり、先に到着した敵の陣営がまだ整っていなかったり、河川を半分も渡り切っていないなど、敵軍の不利な状態を利用するときもある。これを状況の勢いという。

したがって、軍隊を動かすときには勢いに任せることだ。球を急な坂道で転がすように、有利な状況を利用せよ。そうすれば、わずかな力でも甚大な戦果を得ることができる」

TRANSLATION

6

Weaknesses and Strengths

虚実篇

本篇

孫子はいう。

1. 先に戦場にいて敵軍の到着を待つ側の軍隊は気楽であるが、後から戦場に到着して戦闘に突入する側の軍隊は疲弊する。

2. したがって、戦の巧者は敵軍を思い通りに動かしこそすれ、敵軍の思うように動かされてしまうことはない。

3. 敵軍がこちらの望む場所に自ら進んで来るのは、敵軍が欲するものを見せて誘うからである。敵軍がこちらの望まない場所に来ないのは、敵軍が嫌がるものを見せて進軍を断念させるからである。

杜佑：自軍が要路を確保していれば、敵軍は目的地に到着できない。だからこそ、王師はいう。「一匹の猫がネズミの穴の前にいれば、一万匹のネズミも外に出られない。一頭のトラが川の渡り場にいれば、一万頭の鹿も川を渡れない」

4. 敵軍が休息を取って気楽にしているなら、これを引きずり回して疲労させ、食糧が豊かな場所で満腹な状態にいるなら、これを別の場所に誘導し、引きずり回して飢えさせる。

5. このように誘導できるのは、敵軍が慌てて駆けつけるような場所に自軍が進軍し、あるいは敵軍が予想もしない場所に素早く移動するからである。

6. 千里の道を進軍しても疲れないのは、敵対勢力のいない土地を行くからである。

曹操：防御の手薄な地点に出撃し、防御の堅固な地点を避け、意表を突いた地点を攻撃する。

7. 攻撃すれば必ず奪取できるのは、敵軍が防御していない地点を狙うからだ。防御すれば必ず守り切れるのは、敵軍が攻撃してこない地点だからである。

8. 攻撃に秀でた者にかかれば、敵軍はどこを防御すればよいのかわからず、防御に秀でた者にかかれば、敵軍はどこを攻撃すればよいのかわからなくなる。

9. 攻撃や防御に優れているのは、見つからないように気配を殺して移動し、物音がしないように極めて静かに動くからだ。かくして、敵軍の生死を思いのままに操ることができるのである。

何延錫：敵軍に自軍の強みを弱みと思い込ませ、弱みを強みと勘違いさせる。一方、敵軍の強みを衰えさせ、弱いところを探し出す。（略）自分の痕跡を消し、誰にも見つからないようにする。静かにしていれば、誰にも気づかれない。

10．自軍が攻撃しても敵軍が抵抗できないのは、防御の手薄な地点を狙うからだ。自軍が退却しても敵軍が追撃できないのは、追いつけないほど素早く退却するからである。

張預：風のように迅速に進撃し、雷のように敏速に退却する。

11．自軍が戦いたければ、敵軍が土塁を高く積み上げ、堀を深く掘り下げても、必ず自軍と戦うことになる。敵軍がどうしても救援に出ざるを得なくなる地点を攻撃するからである。

12. 自軍が戦いたくなければ、地面に防衛線を描いて守るだけでも、敵軍は攻撃できなくなる。敵軍をあらぬ方向へ進撃するように誘導するからである。

杜牧：蜀の軍師である諸葛孔明は陽平（現在の陝西省漢中市）に駐屯していたが、諸将の軍を合体させた主力軍を魏延《ぎえん》に指揮させて東に向かうように命じ、自らは一万の兵で城を守り、報告を待つことにした。敵の魏将である司馬仲達《しばちゅうたつ》はこの様子を見て、「孔明は城にいるが、守備兵は少なく、戦力も知れている。すでに戦意を失っておるぞ」と吼えた。だが、諸葛孔明はこの時もいつもと変わらず意気盛んであり、城中の守備兵に対し、「旗を下に置け。太鼓も鳴らさず、ひたすら静かにしていろ。決して城外に出てはならぬ」と命じた。それから、四方の城門を開けさせ、出入りの道をきれいに掃き清め、水をまいた。

司馬仲達はこの様子を見て城中に伏兵がいるに違いないと思い、大慌てで軍を北山まで退却させた。諸葛孔明は側近の参謀に対し、「仲達はわしが伏兵の策で待ち構えていると思い込んだからこそ、急いで山まで撤退したのだ」と敵軍の内情を説明した。後日、司馬仲達がこのことを知ると、大いに口惜しがった。[*1]

13. 敵軍の態勢が露わになるように誘導し、自軍の態勢は隠したままにしておく。そうすれば、自軍は敵軍の態勢に応じて攻撃に集中できるが、敵軍は自軍の様子がわからないので兵力を分散して対応せざるを得なくなる。これにより、自軍は分散化した敵の部隊に対し、全兵力による集中攻撃が可能になる。すなわち、こちらは大兵力であるが、あちらは小兵力となる。自軍が戦場に選んだ地において多勢の自軍で無勢の敵軍を攻撃できるから、敵軍は苦境に陥る。[*2]

杜牧：私なら軽装兵か騎兵隊を投じて敵軍の手薄な地点を攻撃するか、弩や長弓の射手を配備して敵軍の要害の地を奪取する。左翼で騒ぎを引き起こし、右翼を撃破する。前方に注意を引きつけ、後方に奇襲を仕掛ける。日中では旗幟の振り方で敵軍をだまし、夜中なら松明の動きや太鼓の叩き方で敵軍を惑わす。しばらくすると、敵軍はこちらの攻撃に脅えるようになり、兵力を分散して警戒するようになる。

14. 敵軍は自軍が攻撃を仕掛けようとしている地点がわからない。そうなると、敵軍は攻撃に備えるために兵力を分散せざるを得なくなり、どこも小兵力になる。

張預：敵軍は自軍の戦車の行く先がわからず、騎馬隊がどこから来たのかもわからず、歩兵隊が何に付き従っているのかもわからないことから、部隊を分散させ、攻撃に備えて四方八方の守備を固めざるを得なくなる。その結果、敵軍の将兵は分散し、武器や装備も散在してしまうので、軍としての勢いを失う。した

*1 この物語は京劇で人気の演目である。諸葛孔明は望楼に座り、琴《きん》を弾き出す。一方、城内の民は通りを掃除し、水をまいている。このとき、魏の軍勢はすでに城を包囲していたが、城内に突撃すべきかどうか迷っていた。司馬仲達は諸葛孔明に振り回された苦い経験があるからだ。それにもかかわらず、今度も翻弄されてしまう。

*2 「苦境に陥る」という表現は、古代中国語音韻学の辞書『Grammata Serica Recensa』（ベルンハルド・カールグレン著）一一二〇m項を参照した。

がって、自軍は大勢力のままであるが、戦場で相対する敵軍はいずれも孤立した弱小勢力なのである。

15. 前方に兵力を集めると後方が手薄になり、後方を固めると前方が弱くなる。左翼に備えると右翼が危なくなり、右翼に集中すると左翼に手が回らなくなる。全方位を漏れなく防御しようとすれば、どの方面も手薄になる。*3

16. 手薄になるのは敵軍の攻撃に備える受身の立場だからであり、優位な大勢力でいられるのは、敵軍を防御に誘導する主体的な立場だからである。

17. 戦う場所と時期が事前に判明していれば、千里の遠方でも間違いなく戦場に駆けつけて戦うことができる。逆に、戦場も時期もわからないのであれば、左軍は右軍を救えず、右軍も左軍に加勢できない。前軍は後軍を助けられず、後軍も前軍を救援できない。同じ軍の中でもこのようであるから、ましてや近くても数里、遠方では数十里も離れた戦場にいる友軍を救援することはとても望めない。

杜佑：戦の巧者ともなれば、戦闘の場所と時期は必ず前もって承知しているものだ。戦場までの道を測量し、所要日数を計算する。軍隊をいくつかの部隊に分けた後、遠方に行く部隊は早く、近場に行く部隊は遅く出発させる。このようにすれば、千里の遠方であろうとも、すべての部隊が同時に到着できる。あたかも人々が町の市場で待ち合わせするようなものだ。*4

18．私の見立てによれば、呉の敵国である越の軍勢がどれほど多くとも、勝利を呼び込むまでには至らない。*5

*3 中国語の原文の「無所不備、則無所不寡」（備えのないところがないというのは、どこも手薄になって攻撃を受けやすい）という二重否定は強意の肯定を意味する。

19. このように、勝利は思いのままに得られると申し上げている。たとえ敵軍が大勢力で攻めてきても、こちらが主導権を握って各地に分散させ、とても戦えない状態に追い込めばよいのである。

賈林：敵軍が大人数で攻めてこようとも、こちらの状況を知らないのであれば、こちらから奇襲などを仕掛ければ、敵軍は自らの防御で精一杯となり、戦うための策を練る余裕もなくなってしまう。

20. そこで、敵軍の作戦を把握すれば、どの戦略が役に立つか、あるいは役に立たないかを知ることができる。

21. そのためには、敵軍を挑発し、動き方の特徴を調べてみる。

22. 敵軍の陣形を把握し、有利または不利な戦場を調べてみる。

23. 敵軍との小競り合いを仕掛け、強固なところと手薄なところを探し出す。

24. 究極の陣形とは、形をなくしたものである。形がなくなれば、自軍の内部に

*4 杜牧は次のような興味深い例を用いて説明している。

宋の武帝が朱齢石《しゅれいせき》に後蜀の譙縦《しょうしょう》を征伐するように命じた。武帝は作戦を次のように説明した。

「昨年、劉敬宣《りゅうけいせん》将軍は黄武に向けて領地を出て沱江《だこう》（長江左岸の支流）を経由したが、何も成果を挙げられずに戻ってきた。そこで、今度は岷江《みんこう》（長江左岸の支流）を経由して攻撃するのが常道であるが、実は前回と同じく（ただし、敵に気づかれないように）沱江を経てくるに違いない、と敵軍は見ている。この通りであれば、敵軍は重装備の兵で涪城《ふじょう》を守備し、城内の道を防御しているはずだ。敵軍の予想通りの道を経て黄武に行けば、われらは敵軍の策略にまんまと陥るであろう。だが、わしは主力軍を動かして岷江から成都（現在の四川省の省都）を攻める一方、特別部隊に沱江を進軍させて奇襲を仕掛ける。さすれば、敵軍は大いに混乱し、わが軍は主導権を握ることができる」

だが、武帝は一抹の不安を感じていた。万一この作戦が敵軍に漏れ伝われば、自軍の強みも弱みも知られてしまう。

そこで、命令書の表に「白帝城（現在の四川省重慶市、長江三峡に位置する）に入るまでは開けるな」と書き、完全に封印して朱齢石に手渡した。すなわち、白帝城に到着するまで、諸軍は部隊の編成方法や出発地点などを知らずにいたのである。

白帝城に到着すると、朱齢石は命令書を開封して次の内容を読んだ。

「主力軍は岷江を進撃して成都を落とせ。臧熹《ぞうき》と朱林《しゅりん》の軍は涪江《ふうこう》（嘉陵江《かりょうこう》の支流）を経由して広漢（現在の四川省徳陽市）を奪取し、弱小の部隊は一〇艘以上の船に乗り、沱江から黄武に向かうべし」

一方、譙縦は重装備の兵を沱江の防御に回していたので、朱齢石は譙縦の軍を撃破できたのである。

*5 この呉や越に関する言及は、『孫子』の成立時期を検討する上で意味があると考える向きもある。

深く入り込んだ敵軍の間諜も状況を把握できず、智恵深い者も自軍の様子をうかがい知ることはできない。

25. 敵軍の陣形が事前にわかれば、こちらは優勢な敵軍相手でもその陣形に対応した必勝作戦を立てることができる。一方、優勢な敵軍はこの作戦に気づかない。敵軍は自軍が勝利した様子は理解できても、自軍が勝利するに至った原因は理解できない。

26. したがって、必勝戦術には二度と同じものはない。あくまでも敵軍の状況に対応したものになるため、戦術には限りがない。

27. もとより陣形とは水のようなものである。水は高い所を避け、低い所へ流れる。同じように、軍も敵の強みを避け、弱みを攻撃する。

28. 水は地形に応じて流れるが、軍も敵の状況に応じて勝利を制する。

29. 水には決まった形がないように、軍にも常に同じ状況というものはない。

30. したがって、敵の状況に応じて変化して勝利することは天の導きといえよう。

31. 考えてみれば、木・火・土・金・水の五行でも常に勝つものはなく、春・夏・秋・冬の四季にもいつまでも居座るものはなく、太陽の照り輝く時間にも長短があり、月にも満ち欠けがあるではないか。

TRANSLATION

7

Manœuvre

軍争篇[*1]

本篇

＊1 「軍争」篇では、有利に戦うために、敵軍よりも先に戦場に到達する作戦を説明する。

孫子はいう。

1．一般的な軍の運用方法は、まず将軍が君命を受ける。次に軍を統合し、徴兵する。そして、軍を再編し、陣営を張る。*2

李筌：将軍が君命を受けると、祖先の霊廟で協議した必勝作戦を実行し、敵軍に天罰を下す。

*2 この部分は李筌と賈林の解釈に基づいた。また、曹操や杜牧の「将軍は軍を宿営させ、軍門を構えて敵軍と対峙する」という解釈もあり得る。軍を招集した後、指揮官が最初にする仕事は、軍の組織化または諸軍の再編である。

2. この過程で最も難しいのは、敵軍よりも先に戦場へ到着することだ。難しいのは回り道を直進の近道とし、不安材料を有利な材料に変えることである。

3. そこで、回り道を通ることで時間をかけているように見せかけ、こちらに合わせて敵軍も進軍が遅くなるように仕向ける。かくして、戦場には敵軍よりも遅く出発した自軍のほうが先に到着する。これができるのは遠近の計（遠い回り道を近道に転ずる戦術）を知っている者である。

曹操：自軍が遠くにいるように見せかける。そうすれば、出発が敵軍より遅くても、戦場には敵軍よりも先に到着できる。これができるのは、遠近の計を念頭に置いて戦場までの距離を計算する者である。

杜牧：遠回りの道を近道に転じれば、不利な状況を有利に変えられる。そのためには、敵軍をだまして進軍を遅らせる一方、自軍を戦場に急がせることだ。

4. 戦場に早く到着する作戦は利点もあるが、危険なことでもある。[*3]

曹操：戦術に長けた者がこれを行えば有利になるが、そうでない者には危険すぎる。

5. 全軍が戦場に先に到着しようとしても、大軍では迅速な行軍は望めず、敵軍に後れを取ることになる。

6. さはさりながら、輜重隊のような動きの鈍い部隊を置き去りにすると、食糧も装備も失うことになり、とても勝てるはずがない。

杜牧：輜重隊とともに動けば、行軍の速度は遅くなるため、敵軍に先んじて戦場

*3 孫星衍はこの部分が本篇の最も重要な内容であると見ているが、あまりに簡素な表現なので、危うく見過ごしてしまいそうになる。曹操の注釈は確かにわかりやすい。この部分は次のように一般化できる。すなわち、利点がありそうな作戦には不利な状況を生み出す種も隠れているものであるが、これは逆もまた真なりである。

に到着する利点は失われてしまう。だが、軽装備の兵士だけを戦場に急がせ、輜重隊を捨て去ると、第三者に積荷の装備や食糧を奪われてしまう恐れがある。

7. そのため、重い武具を脱いで陣営に置き、百里の先で有利な地を確保しようと昼夜兼行の強行軍を続ければ、敵軍に大敗し、上軍、中軍、下軍の三将軍はすべて捕虜となる。なぜなら、疲れを知らない屈強な部隊は先に到着するが、疲労した弱小部隊は遅れてしまい、戦場にたどり着くのは全軍の十分の一だけになるからだ。[*4]

杜牧：軍は一日当たり三〇里行軍するが、この距離を「舎」という。百里を行くには、昼夜もなく歩き続けなければならない。このような強行軍を全軍挙げて続けていれば、将兵は疲労困憊し、三将軍も捕虜にされてしまうほどの大敗を喫することになる。孫子によれば、この作戦を採用すれば、全軍の十分の一しか戦場にたどり着けない。すなわち、全軍の一割しかいない精強な部隊だけが先に到着し、残余の部隊が遅れるとなれば、この戦術は危険極まりない。したがって、他に選択肢がなく、敵軍に先んじることが勝敗を左右するとき以外は選択してはならないと説く。

一万人の軍から選抜した精兵千人は夕刻までには戦場に到着する。残りの九千人は後から続々と到着する。翌朝姿を見せる者もいれば、午後に到着する者もいるであろう。この戦術なら、兵士が疲れることはなく、行軍の響きも途絶えることはない。兵士は続々と到着し、全軍が先着隊に合流する。戦場に敵軍よりも先に到着し、戦いに有利な場所を確保することは、戦略的に極めて意義がある。わずか千人でも要害の地に到達していれば、後から来た敵軍の攻撃にも十分耐えられる。

8. 同じような戦術により、五〇里先の戦場で敵軍に先んじて有利な地を確保しようとすれば、先鋒を率いる上将軍は戦死する。戦場に到着できる将兵は半

＊4 「重い武具を脱いで陣営に置き（巻甲）」とは、兵士が身軽になるために武具（甲）を脱ぎ、これを巻いて陣営に置いておくことであろう。

分しかいないからだ。三〇里先の戦場でも、たどり着けるのは全軍の三分の二しかいない。*5

9. 軍が輜重隊を置き捨て、重装備、物資、食糧を持たずに行軍すれば、敗北する。*6

李筌：食糧がなければ、堅牢な城壁のなかに立てこもっても意味はない。

10. 諸侯の腹の内がわからなければ、事前に同盟を結ぶことはできず、山林や隘路や湖沼などの地勢がわからなければ、軍を進めることもできない。

11. 土地に詳しい案内役が使えなければ、地の利を活かすことはできない。

杜牧：法家の書籍である『管子《かんし》』には次のような一節がある。

「将軍なら、事前に地勢を頭に入れておく。なぜなら、例えば、深すぎて渡れない河川など、戦車や荷馬車にとって危険な場所がわかるからだ。名山[*7]や渓谷、主要な河川、高地や丘陵地、雑草が生い茂る草原や湖沼、見通しの悪い森林を通過する。また、戦場までの距離、各地の城郭の大きさ、有名な町や村、廃墟と化した土地、実り豊かな果樹園、地形の出入りなども知っておく必要がある。そうすれば、地の利を失うことはない」

初唐の名将李靖《りせい》は次のように説いた。

「わが軍は勇猛の士や明察の士を用いるだけでなく、現地の案内役も使いこなすので、軍隊を山林の間に潜伏させたり、音もなく移動させたり、足跡を消したりすることもできる。また、将兵が動物の足に似せたものを履き、その足跡を途中まで残せば、追っ手をまくこともできる。あるいは、作り物の鳥を頭にかぶり、生い茂った草の中で静かに身を潜める。それから、遠くの物音に耳をそばだて、

＊5 この部分は、「上軍の将軍（中軍や下軍の将軍ではない）は敗れるか失敗する」とも解釈できる。上軍とは先遣隊のことであり、軍は上軍、中軍、下軍に三つに分かれて行動する。別言すれば、強行軍には一長一短があるので慎重に考えたほうがよく、所持していくべきものと陣営に保管しておくべきものも見極める必要があるということだ。

＊6 これは既述の繰り返しであり、脈絡に欠けている。また、この部分が欠落している文献もある。

＊7 「名山」とあるのは、戦略的に重要な位置にある山という意味である。

鋭い観察眼で周囲に目を配り、智恵を用いて機転を利かせば、様々な機会が見えてくる。すなわち、状況の微妙な変化に気を配るのだ。例えば、水の流れ具合を見れば、敵軍が川の中を進んでくることに気づくだろうし、木々の動きを見れば、敵軍がどれほど接近しているのかがわかる」

何延錫：出陣命令を受け取れば、言葉も通じない見慣れぬ土地や狭い山道を急がなくてはならないが、容易なことではない。単独の軍で進撃すれば、敵軍は油断なくわが軍を待っている。攻撃側と防御側の勢いには大変な差がある。敵軍が詭計を様々にめぐらし、詐術を盛んに仕掛けてくれば、その差は更に広がる。わが軍が何も策を講じることなく、危険も顧みず、軽率に行軍するばかりであれば、敵軍の罠にかかり、窮地に陥る。夜に行軍を止めると、敵襲を受けはしないかと不安なあまり、些細な物音にも驚いてしまう。準備不足にもかかわらず、慌てて出発すると、敵軍の待ち伏せに遭う。これでは、虎や熊の前に自ら身を投げ出すようなものである。敵軍の要塞をどのように攻略すればよいのか。また、見つけにくい拠点から敵軍を一掃するにはどうすればよいか。

要するに、敵国の領地では、山河、高地、低地、丘陵地のすべてが敵軍の戦略的な防御地点となり、森林や繁茂した草地は伏兵に絶好の地となる。だからこそ、道路の遠近、城郭の大小、村落の規模、田畑の地味、溝の深さ、食糧の貯蔵量、敵軍の人数、装備の優劣などをすべて事前に頭に入れておく。その後に敵軍の攻略作戦を立てれば、容易に打ち破ることができる。

12. そこで、戦争は敵の裏をかくことから始まる。有利と見れば動き、軍の分散や集中を臨機応変に行う。*8

13. すなわち、風のように素早く動き、林のように静かに待機し、火が燃えるように侵略し、山のように微動だにせず、*9 暗闇のように身を隠し、雷鳴のように急に動く。

*8 毛沢東は、この文章を別の言葉を用いて何度も言及している。
*9 日本の戦国武将武田信玄は、この原文「(其) 疾如風、(其) 徐如林、侵掠如火、不動如山」を軍旗に記している。

14. 村落を略奪するときには、軍を分散する。占領地を拡大するには、要地を分けて守る。

15. 状況をよく見極め、それから行動に移す。

16. 遠い道を近い道に転ずる作戦を知る者は勝利する。これが軍争の方法である。

17. 『軍政』[*10]という古代の兵法書には、「戦闘中は、声で命じても互いに聞こえないから、鉦や太鼓を打ち鳴らす。また、手で指示しても互いに見えないから、旗や幟を掲げる」とある。

18. したがって、旗や幟、鉦や太鼓を用い、兵士の耳目を集中させることで、統一した行動が可能になる。こうなれば、勇者も自分一人だけ進むことはできず、臆病者も自分一人だけ退くことはできない。これが大部隊を動かす方法である。

杜牧：「前進すべきときに前進しない者や後退すべきときに後退しない者は、いずれも斬首に処する」と軍法で定められている。以下は、呉起が秦軍と戦ったときの逸話である。戦闘が始まる前に、ある武将が激情を抑えられず単身で敵陣に突っ込み、首級を二つ掲げて戻ってきた。すると、呉起はこの武将を斬れと側近に命じた。だが、側近は「この武将は凄腕であります。斬るべきではありません」と諫めた。ところが、呉起は「確かに凄腕かもしれんが、命令に背いたではないか」と聞く耳を持たなかった。結局、この武将は斬首の刑に処された。

19. 夜間の戦いでは鉦や太鼓を多く使い、日中の戦いでは旗や幟を多く使い、自軍[*11]の兵士の耳目に訴えるのである。

*10 この段落において、孫子が自分の著作に先立つ兵法書に触れているのは興味深い。

杜牧：大規模な陣形には小規模な陣形が含まれているように、大規模な陣営には小規模な陣営が含まれている。前後左右の軍はそれぞれが自らの陣営を構え、中心にある総大将の本陣を取り囲んでいる。また、陣営の各所を鉤状に曲げて星形の陣営としている。各陣営間の距離は百歩以下、五〇歩以上とする。道や通路は部隊が行進できるほどの広さを確保する。堡塁《ほるい》は互いに向き合わせ、弓や弩で互いを援護できるようにしておく。

各十字路には必ず小型の堡塁を備えておく。その上部には薪を積んでおき、内部には外から見えないようにしてトンネルを掘り、昇降用の梯子を用意し、周囲を歩哨に見張らせておく。日没後、陣営の四方から太鼓の音が聞こえたら、歩哨はすぐにかがり火をたく。このように準備しておけば、敵軍が夜襲を仕掛け、大規模な陣営に潜り込んでも、そこにはさらに小さな陣営が至る所にあり、そのいずれも防御が堅いため、東西南北のどこを見ても攻撃しようがないのである。本陣や他の小規模な陣営の場合、敵軍を最初に察知した者は、敵軍を陣営の中に誘い込んだ後、太鼓を打ち鳴らし、各陣営が一斉に反撃態勢に入る。小さなかがり火がすべて灯されると、周囲は昼間のように明るく照らし出される。そして、各陣営の将兵が門を閉じて堡塁に登り、敵軍を見下ろす。それから、あらゆる方向から弓や弩を用いて敵軍に射掛けるのである。

ただひとつ残念なのは、敵軍は夜襲を試みることはないということだ。夜襲を仕掛ければ、間違いなく敗北を喫すると知っているからだ。

20. これで敵兵の気力を奪い去り、敵将の勇気[*12]を挫くことができる。

何延錫：呉起は、「百万の大軍を率いる責任を引き受けるのはただ一人であるが、軍の気力はまさにその一人次第だ」と説いている。

梅堯臣：敵兵が気力を奪われると、敵将も闘志を奪われてしまう。

張預：闘争心は将軍が持っているものだ。秩序と混乱、勇猛と怯懦、そのいずれになるかは将軍次第である。したがって、敵軍を制することに長じた者は、敵将

*11 または、「敵軍」のいずれかはっきりしないが、おそらくその双方であろう。杜牧の注釈は必ずしもこの部分と関連するわけではないが、布陣法の高度な技術について言及している。

*12 または「才知」のいずれか判断に迷うところである。

を苛立たせ、その心を乱す。敵将を激怒させ、惑わせ、悩ませ、遂には恐怖心を覚えさせる。かくして、敵将の闘争心を奪い、戦術を練る才知をも奪うのである。

21. 気力は、朝方こそ鋭いが、昼頃には弱まり、夕暮れには萎《しお》れてしまうものである。[*13]

22. したがって、戦の巧者は敵軍の気力が鋭いときを避け、気力が弱まり、萎れていくところを攻撃する。これが敵軍の気力を制する法である。

23. 秩序正しい自軍が混乱している敵軍を待ち伏せる。冷静な自軍が浮足立っている敵軍を待ち伏せる。これが敵軍の心を制する方法である。

杜牧：冷静沈着で決意が固ければ、戦いに負けることはない。

何延錫：一人の将軍が百万の大軍を絶妙に差配し、猛虎のような強敵と戦うときには、有利な場面と不利な場面が交錯するものだ。絶えず変化する戦況を考えれば、将軍は智恵を働かせ、臨機応変に対応し、あらゆる可能性を考えて動かなければならない。心が乱れず、判断に迷いがなければ、機略は尽きず、状況に対応できる。不利な状況でも困惑せずに解決の道を探せる。想定外の事態に直面しても、動揺せずにいられる。どのような状況にも毅然と対処できる。

24. 戦場の近くで遠方から到来する敵軍を待ち伏せ、十分に休息した状態で疲れ切った敵軍を待ち伏せ、満腹の状態で空腹の敵軍を待ち伏せる。これが敵軍の戦力を制する方法である。

25. 戦の巧者は旗幟を整然と押し立てて行進してくる敵軍には攻撃を仕掛けず、堂々たる布陣の敵軍とも交戦しない。そして、敵軍の状況が悪化するのを待

*13 梅堯臣は「朝方」、「昼頃」、「夕暮れ」を長期戦の各段階を意味すると解釈している。

つ。これが状況の変化を制する方法[*14]である。

26. したがって、軍の運用については、高い丘に布陣している敵軍を攻め上ってはならず、丘を背にして攻めてくる敵軍を迎え撃ってはならない。

27. わざと敗走する敵軍を追撃してはならない。

28. 精鋭部隊には攻撃を仕掛けてはならない。

29. おとり部隊に引っかかってはならない。

梅堯臣：餌に喰らいつく魚は釣り上げられ、おとりに喰らいつく部隊は敗北する。

張預：兵法書『三略』は、「美味しそうな餌の下には、釣り上げられる魚が必ずいる」と説いている。

30. 帰国する敵軍を引き留めてはならない。

31. 敵軍を包囲したときには、逃げ道を残しておく。

杜牧：逃げ道が残されていることを示し、死を覚悟して戦わなくてもよいと思わせる。そして、敵軍が逃げ道から外へ出た後、これを攻撃すればよい。

何延錫：曹操が壺関《こかん》（現在の山西省長治市）を包囲したとき、「城を落とし、敵を全員生き埋めにせよ」と命じた。だが、その後数カ月も落城することはなかった。そこで、曹操の従弟である曹仁《そうじん》が、次のように進言した。

「城を包囲するときには、逃げ道を残しておくのが肝要であります。そうすれば、敵も生き延びる道があると思うでしょう。現在、敵は主上のご命令を知り、自分の身を守ろうとして全員が決死の覚悟で戦いに挑んでおります。しかも、城は防御が固く、食糧も十分にあります。このまま攻め続ければ、わが軍も死傷者が増

*14 または「状況を制する方法」である。

えるばかりであり、長期戦にならざるを得ません。堅固な城を守る決死の将兵を攻めるのは良策とは申せません」

曹操がこの献策を受け入れると、敵は城を明け渡して降伏した。

32. 進退窮まった敵軍を追いつめてはならない。

杜佑：呉王闔閭の弟である夫概王《ふがいおう》は、次のように言った。

「獣でも、追い込まれたら必死になる。人ならば余計にそうだ。死も厭わぬほどの形相で挑んでくるから、こちらは必ず負けてしまう」

前漢の宣帝の頃、将軍の趙充国《ちょうじゅうこく》は羌族《きょうぞく》を弾圧していた。羌族は漢の大軍を見ると、荷車の物資も捨てて黄河の浅瀬を渡り始めた。道が狭かったためか、趙将軍の一行はゆっくりと進軍した。ある者が疑問に思った。

「わが軍は大勝利目前なのに、追撃するにしては遅すぎませんか？」

趙将軍はこれに答えた。

「奴らは必死の思いで逃げているから、決して追い込んではならぬ。今の調子でゆっくり追いかければ、奴らは周囲を見回す余裕もなく、ひたすら逃げ去るだけだ。だが、追い込んでいけば、奴らは反撃に転じて死をも恐れずに戦い続け、わが軍も多大な損害を被るであろう」

諸将は、「良策でございます」と称賛の声を上げた。

33. これが軍を動かす方法である。

8

The Nine Variables

九変篇

本篇

孫子はいう。

1. 軍を動かす手順としては、将軍が君主から出陣を命じられると、民衆を動員して軍を編成する。

2. 足場の悪い低い土地を宿営地にしてはならない。

3. 交通の要衝では、諸国と同盟関係を結ぶ。

4. 母国から遠く離れた不便な土地では、長逗留してはならない。

5. 三方を山などに囲まれた土地では、脱出経路を考えておく。

6. 逃げ道のない土地では、必死で戦うしかない。

7. 道には、通ってはならない道がある。敵軍には、攻撃してはならない敵軍がある。城には、攻めてはならない城がある。土地には争奪してはならない土地がある。

王晳：攻撃してはならない敵軍とは、おとりの部隊、精鋭部隊、練度の高い部隊、見事な陣形を敷いている部隊などである。

杜牧：要害の地で高い城壁と深い堀に囲まれ、食糧備蓄も十分な敵軍は、わが軍を長く引き留めておこうとするだろう。このような敵城を抜いても、利益になるところはない。一方、この敵城を攻め落とせなければ、わが軍は間違いなく勢いを削がれてしまう。したがって、このような敵城を攻撃してはならない。

8. 君命には、従ってはならない君命がある。[*1]

曹操：軍の運用面から考えて適切であれば、君命といえども従う必要はない。

杜牧：戦国時代の兵法書である『尉繚子《うつりょうし》』によれば、「兵器は不吉な道具であり、争いは徳に反する。将軍は死の代理人である。上に天なく、下に地なく、前に敵なく、後に君主なし」という。

張預：夫概王《ふがいおう》は、「正しいと思うならば、動け。君命を待つな」と説く。

9. 「九変」（九種類の臨機応変な対処法）の利点に精通した将軍は、軍の動かし方を心得ている。

*1 君命に従わずに対処する場合の策は、前述の通りである。

賈林：将軍は、状況に応じて臨機応変に対処するものだ。常道に縛られてはならない。

10. 「九変」の利点を知らない将軍なら、たとえ戦場の地形に詳しくても、その地の利を活かすことはできない。

賈林：将軍なら、状況の変化に適切に対処できるものだ。

11. 軍を率いながらも「九変」の策がわからないようでは、五種類の対処法の利点を理解していても、将兵の力を存分に発揮させることはできない。*2

賈林：「五種類の対処法の利点」とは次のことである。

道は、たとえ近道でもその道が危険であり、待ち伏せされている恐れがあれば、通るべきではない。

軍は、攻撃を仕掛けることは可能でも、それによって敵軍が絶望的な状況に陥り、死闘を挑んでくる恐れがあれば、攻撃すべきではない。城は、孤立していて落とせるかもしれないが、食糧の備蓄が十分にあり、兵器が鋭く、賢将のもとに忠臣が仕えているのであれば、予測不能な作戦を展開してくるかもしれないから、攻撃すべきではない。土地は、一時的に争奪できても占領を維持することが難しければ、利益があるとはいえず、反撃されると自軍に犠牲が出るから、争奪すべきではない。君命は、本来従うべきものであるが、将軍がそれに従えば自軍の不利になると判断するのであれば、従うべきではない。以上が五種類の対処法の利点であるが、臨機応変に対処することが眼目であり、事前に用意できるようなものではない。

12. このようなことから、賢将はものごとを必ず利害の両面を考え併せて判断す

*2 この部分の解釈は難解であり、古今の注釈者も悩んできた。例えば、賈林による「五種類の地勢に対する対処法の長所」の解釈が正しいのであれば、本来は2から6で説明されているはずである。

る。[*3]

曹操：賢将は利益に伴う害を考え、害に伴う利益も考えるものだ。

13. 利益になることでも、その害になる面も併せて考えれば、ものごとは必ず狙い通りに成就し、逆に、害のあることでも、その利益の面も併せて考えれば、不安なことも解消する。[*4]

杜牧：敵軍から利益を得ようとすれば、その利益だけを見るのではなく、まずはそれによって敵軍から受ける損害を考慮すべきである。

何延錫：利害は互いを原因として生じる。智者は常にそのことを考えている。

14. 近隣の諸侯を怖気づかせるには、その害悪ばかりを強調すればよい。

賈林：敵国を害する作戦や策略は一つだけではない。例えば、賢者や智者が諸侯を疎んじるように誘導し、諸侯の周囲から相談できる側近を消してしまう。敵国に間諜を送り込み、政府を内部から崩壊させる。君臣の間に亀裂が入るように巧妙な策略を仕掛ける。名工や名匠を敵国に派遣して素晴らしい作品を作らせ、敵国の民衆がこれらに魅了され、財産を使い果たすように仕向ける。敵国に魅惑的な音楽家や踊り子を潜り込ませ、従来の風俗を淫らなものに堕落させてしまう。あるいは、美女を諸侯に与え、籠絡してしまう。

15. 諸侯を疲弊させるには、着手したくなるような魅力的な事業に絶えず目が向くように仕向ける。諸侯を奔走させるには、害の面には触れず、ひたすら表面的な利益だけを強調する。

＊3 孫子は、「利害は表裏一体であり、併存している」と説いている。

＊4 孫子によれば、計画の有利な面を考慮すれば、「信頼性」や「確実性」は高まる。「実現性の高い」（実行可能な）計画になれば、実現するまであと一歩である。

16. 戦争の原則としては、敵軍が来ないことを前提に考えてはならず、わが軍は敵軍がいつ攻撃を仕掛けてきても準備万端の態勢であるように心がける。また、敵軍の攻撃がないことを前提に考えてはならず、敵軍が攻撃できないような備えがわが軍にあるように心がける。

何延錫：史書『呉略』によれば、「天下泰平でも、君子は刀剣を肌身から離さない」とある。

17. 将軍の資質に関しては、五つの問題を考えなければならない。

18. 思慮に欠け、必死の覚悟ばかりの将軍は殺される。

杜牧：分別のない勇気だけの将軍は災難である。戦国初期の兵法書『呉子』には、次のような一節がある。

「世の中では、将軍といえばその勇気だけが論じられる。だが、将軍の勇気など美点の一つにすぎない。勇猛なだけの将軍は考えもせずに戦いを始めようとするが、それでは今戦うことの意味も理解できていない。そのような将軍はいかがなものか」と説いた。

19. 生き延びることばかりを考えている臆病な将軍は、捕虜にされる。

何延錫：戦国時代の兵法書『司馬法』には、「生き延びることを最優先に考える者は、決断できずに負けてしまう。優柔不断な将軍とはまことに厄介なものである」と書いてある。

20. 短気な将軍は侮蔑されると冷静さを失い、敵軍の術策に陥る。

杜佑：感情的な人間はすぐに激怒し、憤死することもある。すぐ怒る人間は軽率であり、強情でせっかちである。また、難しい問題には向き合おうとしない。
王皙：将軍として最も重要なことは、何事にも動じない心を持つことだ。

21. 潔癖で傷つきやすい将軍は、小馬鹿にされると落ち着きを失って罠にはまる。

梅堯臣：自分の名声ばかりを後生大事にしていると、それ以外のことは見えないものだ。

22. 人情に厚い将軍は、兵士の世話で苦労する。

杜牧：仁愛の人で、情愛が深ければ、兵士に多少の犠牲者が出ることさえ恐れ、長期的な利益のために短期的な利益を捨てることができない。また、何かを奪うために何かを捨てることもできない。

23. 以上の五つは将軍としての資質に欠けるという重大な問題であり、軍の運用に甚大な悪影響をもたらす。

24. 軍が滅亡し、将軍が戦死するのは、これら五つの原因のいずれかによるものであるから、十分注意するに越したことはない。

TRANSLATION

9

Marches

行軍篇

孫子はいう。

1. 一般的に、軍が宿営地を定めて敵情を偵察する場合、山を越えるには谷沿いに進み、高い所を見つけてはそこで休息する。

2. 攻撃するなら、高所から攻め下ること。決して高所に攻め上ってはならない。[*1]

*1 中国初の諸制度史書『通典』の解釈を採用した。

3. 以上は、山岳戦で軍を動かす際に留意すべきことである。

4. 川を渡り終えたら、すぐにその川から遠ざかることだ。

5. 敵軍が河川を渡り始めたら、彼らが川の中にいる間は迎撃せず、その半数が渡り終えた頃を見計らい、攻撃を仕掛けるほうが自軍に有利な展開となる。

何延錫：春秋時代の頃、宋の襄公が楚軍と泓水《おうすい》の戦いを繰り広げたことがある。宋軍はすでに陣形を整えていたが、楚軍はまだ川を渡っているところであった。宋の宰相は「楚軍は大軍であり、こちらは寡兵なのですから、楚軍が川を渡り切る前に攻撃すべきです」と進言した。だが、襄公は「それはならぬ」とこれを退けた。

楚軍は川を渡り切ったが、まだ陣形を整えられずにいた。宋の宰相が再び「今ならまだ間に合います。攻撃を許可願います」と迫ったが、襄公は「まだだ。楚軍が陣形を整え終わるまで待て」と改めて待機を命じた。

その結果、宋軍は大敗を喫した。襄公は太股に傷を負い、部将も全滅した。*2

6. 戦うときには、川岸で敵軍を迎撃してはならない。*3攻撃するなら、高い所を探して占拠しておく。決して川の上流にいる敵軍を下流から攻めてはいけない。

7. 以上は、川の近くにいる軍に対する留意事項である。

8. 沼沢地を通過するときには素早く進み、長居をしてはならない。そこで敵軍と遭遇し、交戦状態に突入した場合、飲み水と牛馬用の草が手に入る近くで森林を背にして陣を敷くことだ。*4

*2 毛沢東は「我々は宋公とは違う」と評した。
*3 注釈者によれば、川岸から遠ざかるのは敵軍が川を渡りやすいように誘い出すためだ。
*4 中国の北部や東部でよく見かけるのは、船を使わないと渡れないような沼沢地よりも、湖や池の水が蒸発した平地が時折水浸しになっているところだろう。

9. 以上は、沼沢地にいる軍に対する留意事項である。

10. 平地では動きやすい平坦な場所を選び、右後方に丘陵地を置き、前方を戦場とし、後方を丘陵地に続く高い所とするように布陣する。[*5]

11. 以上は、平地にいる軍に対する留意事項である。

12. これらは、山岳、河川、沼沢地、平地という四つの状況において有利な布陣を展開するための留意事項である。[*6]最古の皇帝とされる黄帝は、これらを用いて東西南北の四人の帝王に勝利した。[*7]

13. 軍の宿営地としては高地を優先し、低地は避ける。日当たりのよい場所を優先し、日当たりの悪い場所は避ける。このように、将兵の健康に配慮しながら、生活物資が手に入りやすい場所を選ぶ。これを必勝法と呼び、軍がさまざまな疾病に煩わされることはなくなる。*8

14. 丘陵地や堤防の近くでは日当たりのよい場所を選び、その丘陵地や堤防が右後方に位置するように宿営する。

15. このように考えて宿営することが軍の利益となり、地の利を得ることになる。*9

*5 兵士には右利きが多いので、兵士は右前方に対して攻撃力も防御力も弱くなる。したがって、右後方に丘陵地を置くように布陣すれば、敵軍はこちらが武器を扱いやすい左前下方から攻撃せざるを得なくなる。

*6 すなわち、ここで説明されている戦術は、軍の布陣を考える際に用いられるものだ。張預はこの部分を布陣と関連付けて説明しているだけでなく、諸葛孔明が説いた各状況に応じた戦法も引用している。

*7 黄帝の治世は紀元前二六九七年から同二五九七年と考えられている。

*8 中国語原文は「軍無百疾」である。

*9 この部分の直後には、次の一節が続く。「上流で雨が降ったために水面が泡立っていれば増水する一方なので、川を渡るのは水かさが減って流れが落ち着いてからにせよ」。だが、これは明らかに場違いである。これは注釈の一部が本文に紛れ込んだものであろう。

16. 断崖絶壁に挟まれた谷間、自然の井戸、自然の牢獄、自然の仕掛け網、自然の落とし穴、自然の切り通しに出たときには、そこから足早に遠ざかり、決して近づいてはならない。

曹操：奥深い山々で激流が見られるところは断崖絶壁に挟まれた谷間である。四方を高い絶壁に囲まれ、中央部が低くなっているところを自然の井戸という。奥深い山々を通り過ぎると周囲が出口のない地形を自然の牢獄という。軍が閉じ込められて孤立する恐れのあるところを自然の仕掛け網という。地形が一段と低い地形を自然の落とし穴という。峡谷が両側から迫り、周囲より低くて狭い道が相当長く続いているところを自然の切り通しという。

17. 自軍はそこから遠ざかり、敵軍にはそこに近づくように誘導する。自軍はそちらに対面し、敵軍にはそこを背にするように誘導する。

18. 軍の近辺に険しい地形、池、窪地、蘆原、草木の生い茂る場所などがあれば、必ず慎重に何度も捜索せよ。いずれも伏兵や偵察隊が身を隠している場所だからである。

19. 敵軍が近くにいながら静かにしているのは、険しい地形が自分たちに有利であると考えているからだ。敵軍が遠方にいながら戦いを仕掛けてくるのは、自軍が進撃することを望んでいるからであり、その戦場が平坦で敵軍に有利だからである。*10

20. 多くの木々が揺れ動くのは、敵軍がその間を進撃しているのである。

21. 至る所に草を結んで覆いかぶせてあるのは、伏兵がいると見せかけるためで

*10 別の版では、「見せかけの有利さでこちらを誘い出そうとしている」とある。

である。

22. 鳥が飛び立つのは伏兵が潜んでいるからだ。獣が驚いて走り出すのは敵軍が奇襲を仕掛けようとしているのである。

23. 砂塵が高く舞い上がり、前方が鋭くとがっているのは、戦車部隊が進撃しているのである。砂塵が低く広がっているのは、歩兵部隊が進撃しているのである。

杜牧：戦車や騎兵隊は迅速に移動するので、魚が群れとなって進んでくるようなものである。だからこそ、砂塵が高く舞い上がり、先端が鋭くとがっているのである。

張預：行軍する際、偵察隊を前方に派遣し、敵軍が舞い上げる砂塵が見えたら、すぐに指揮官である将軍に報告しなければならない。

24. 砂塵が各所に分散しているのは、敵軍が薪を集めているのである。*11 少しばかりの砂塵があちこちで舞い上がっているのは、設営の準備をしているのである。

25. 敵軍の使者が控えめな言葉を用い、防御態勢を強化しているのは、進撃の準備を意味している。

張預：斉の智将田単《でんたん》が即墨《そくぼく》（現在の山東省青島市）を守備し、燕の騎劫《ききょう》将軍がこれを包囲した。田単は自ら石や土を運ぶための板や土を掘り返すための鋤を手にして士卒とともに作業をこなし、妻や側室も軍隊に入れ、自分の食事を将官に分けて慰労した。また降伏条件の交渉に婦女子を城壁まで派遣した。燕軍は大いに喜んだ。さらに、田単は民衆から大金を集め、即墨の富豪に「城はすぐに明け渡す。ただ妻や側室だけは囚人にしないでくれ」と書いた手紙を持たせて燕将に手渡した。これで、燕軍はいよいよ緊張を緩め、油断するようになった。この機に

*11 李筌は「薪を集めている」という解釈に同意している。砂塵が分散しているのは兵士が薪を束にして引きずっているると思われるからだ。学者の議論が分かれるのは、兵士がどのようにして薪を集めているのかということだ。

乗じ、田単は城から奇襲を仕掛け、遂に燕軍を潰走させた。

26. 敵軍の使者が強硬な言葉を用い、あたかも進撃するように見せかけるのは、退却の準備を意味している。

27. 使者が謝罪の言葉を述べてくるのは、休戦したいからだ。*12

28. 困窮している様子もないのに、敵軍の使者が和睦を求めてくるのは、裏に陰謀がある。

陳皞：特段の理由もなく講和を求めてくるのは、敵国の内部に問題が生じたために一時的な休戦を望んでいるからだ。そうでなければ、敵はこちらが敵の策略に騙される可能性があると考えており、疑いを持たれないように、機先を制して和睦を申し入れる。その後、こちらが緊張を解いて油断した途端、敵は攻撃を仕掛けてくる。

29. 軽戦車が先に飛び出して軍の両側面を警戒しているのは、戦闘態勢を整えているのである。

張預：「魚鱗」陣形では、前方に戦車隊を配置し、後方を歩兵隊で固める。

30. 兵士が慌ただしく駆け回り、戦車を整列させているのは、決戦の準備である。*13

31. 敵部隊の半分しか前進してこないのは、こちらを誘い出そうとする作戦である。

*12 ここは本来の位置ではないが、使者に関連するものとして移動させたものである。
*13 この部分はよくわからない。決戦ではなく、援軍と集合する予定なのか。あるいは、分散させていた各部隊を一つに集めようとしているのかもしれない。

32. 敵兵が杖に寄りかかっているのは、敵軍が飢えに苦しんでいるのである。

33. 水汲みの兵士が水を陣営に運ぶ前に水を飲むのは、敵軍が飲料水不足に苦しんでいるのである。

34. 攻めるほうが有利なのに攻めて来ないのは、敵軍が疲れ切っているからである。*14

35. 敵陣営に鳥が多く集まっているのは、すでに誰もいないからだ。

陳皞：孫子は敵軍の事情を推測して、状況の真偽を見分ける方法を説いている。

36. 夜間に点呼をかけているのは、敵陣営が恐怖に駆られているのである。*15

杜牧：敵軍は恐怖と不安に駆られると、自らを鼓舞しようとして大声を出したりする。

37. 敵陣営が騒々しいのは、将軍に威厳がないからだ。

陳皞：将軍の威令が行き届かず、その態度に威厳もなければ、軍内の秩序は乱れるばかりである。

38. 旗幟が動揺しているのは、敵軍の陣形に乱れが生じているのである。

杜牧：魯の荘公《そうこう》は斉軍を長勺《ちょうしゃく》（現在の山東省莱蕪《らいぶ》市）で破った。配下の将軍曹沫《そうかい》は、追撃を願い出た。荘公は「なぜだ」と問うた。すると、曹沫は「戦車の車輪

*14 このように文章が簡略に書かれてあると、古今の学者はどうしても詳細な注釈を施したくなるようである。

*15 ギリシャの歴史家プルタルコスが『英雄伝』で描いた「ガウガメラの戦い」（アレクサンドロスのマケドニア軍がペルシアの大軍を破った戦い）を参照いただきたい。この戦いの前夜、ペルシア軍は夜襲を恐れて一睡もせずに警戒態勢を取り続けたために、戦う前にすでに疲れ切っていた。これが敗因の一つとなったのである。

の跡は乱れに乱れ、斉軍の旗幟も意気消沈してうなだれ、戦意を喪失しているのは明らかです。今こそ追撃の好機であります」と答えたのである。

39. 目付け役の官吏が苛立っているのは、軍内に厭戦気分が満ちているからだ。

陳皥：将軍が不要不急の仕事に着手しているのは、誰もが戦いに疲れているからだ。

張預：矛盾した命令が続けば士気は低下し、それが官吏を苛立たせるのである。

40. 馬に兵士用の穀物を与え、兵士に肉を供し、調理用の鍋釜を打ちこわし、兵士が陣営に戻ろうともしないのは、敵軍が絶望して決死の覚悟をしているのである。*16

王晳《おうせき》：軍馬に兵士用の穀物を与え、荷車用の牛を殺して兵士に肉食を許すのは、衰えた体力を回復させ、忍耐力を養うためだ。陣営に調理用の鍋釜がないのは、もう食事をすることはないということだ。陣営に戻らないのは、帰郷を諦めたということだ。すなわち、生きる望みを捨て、最後の戦いに臨もうとしているのである。

41. 兵士が三々五々集まっては声を潜めて話すことが続いているのは、将軍を信頼していないからだ。*17

42. 頻繁に褒美を与えているのは、将軍が士気の低下をとどめられず、万策が尽きているのである。頻繁に処罰を下しているのは、将軍が兵士の離反に苦悩しているのである。

*16 張預は「自軍の船を燃やし、鍋釜を打ち砕いている軍は、敵に追いつめられているので、死に物狂いで戦うだろう」と説明している。

*17 注釈者の大半は、「兵士が集まってヒソヒソ話しているときには、上官の悪口を言っているのだ」という解釈に同意している。また、梅堯臣によれば、「おそらく兵士が逃亡の相談をしているのだろう」という。

43. 当初兵士を軽んじながら、その後兵士の離反を恐れるのは、上官として無思慮の限りである。*18*19

44. 敵軍が感情を高ぶらせて向き合っているのに、いつまでも戦おうとせず、撤退もしないときには、必ず敵軍の動向を注意深く調べておくことだ。

45. 戦争は必ずしも兵士の数が多いほど有利になるとは限らない。兵力数だけを頼りに猪突猛進してはならない。*20

46. たとえこちらが寡兵であっても、敵情を正確に探りつつ戦力を集中すれば、勝機は十分にある。*21 よく考えもせずに敵軍を軽んじていると、敵軍の捕虜にされる。

47. 将軍に対する忠誠心が芽生える前に処罰されると、兵士は将軍に従わなくなる。将軍に従わなくなれば、兵士を動かすことは難しくなる。他方、忠誠心が生まれたのに然るべき処罰がなされなければ、将軍の威令は行き届かず、兵士を動かすことは難しくなる。

48. このように、将軍が兵士を人徳で心服させ、刑罰の恐怖心で統制すれば、必

＊18 何延錫は「将軍が軍を統率するには、兵士に対する寛容と厳格のバランスを考えなければならない」と評している。

＊19 これを「当初敵軍を軽んじながら、その後敵軍を恐れるというのは」と解釈しているのは、曹操、杜牧、王皙である。なぜならば、中国語の原文「先暴而後畏其衆者」の「其」を「敵軍」と考えたからであるが、この解釈では前述の各文章と整合性が取れない。やはり「兵士」と解釈する梅堯臣の説が妥当であろう。

＊20 東ローマ大国の歴史家プロコピウスの『戦史』（三四七ページ）には、「なぜならば、戦場における武勇は、戦士の人数で判定されるものではなく、統制の取れた軍隊によって示されるものだからだ」という記述がある。

＊21 曹操はこれを「雑兵を養っておけば事足りる」と解釈した。この曹操の解釈が後代の学者を混乱させたのは明らかであるが、それを指摘する者は誰もいなかった。唯一、王皙だけが勇気をふるい、「軍の集中と分散により戦況を一変させることに長けた者は、戦力を集中させ、敵軍の防御態勢に裂け目が生じたところを狙えば、勝利を得られると思う」と説明した。だが、最後には「したがって、雑兵を養っておくだけでも事足りるが、精兵であればより望ましいという話であり、曹操の解釈も成り立つ」と結論付け、曹操の名声に配慮した形になった。

勝の軍と呼ばれる。

49. 平素から威令が行き届いている状況で命令すれば、兵士は素直に服従する。平素から威令が行き届かない状況で命令しても、兵士は服従しない。

50. 平素から威令が隅々まで行き届いていれば、将軍と兵士の間は揺るぎない信頼関係で結ばれているといえよう。

TRANSLATION

10

Terrain

地形篇[*1]

本篇

＊1 「地勢」または「土地の形態」の意味である。

孫子はいう。

1．戦場の地形には、四方に通じているものがあり、難所を控えているものがあり、道が分岐しているものがあり、道幅の狭いものがあり、険しいものがあり、遠方の地がある。*2

*2 梅堯臣は「四方に通じている」地形を道路が交差するところ、「難所のある」地形を蜘蛛の巣のようなところ、「道が分岐している」地形を敵軍と対峙するところ、「道幅の狭い」地形を両側から山が迫っている峡谷、「険しい」地形を山河や丘陵地、「遠方の地」を平坦な地形と定義している。

2. 自軍と敵軍の双方から自由に往来できる地形は、四方に通じているという。このような地形では、日当たりの良い高地を先に占拠し、食糧補給路を確保した側が戦いを有利に展開できる。

3. 進軍は容易でも、退却が難しい地形は、難所を控えているところである。そのような地形では、敵軍が応戦態勢を整えていなければ、難所を越えても出撃すれば勝てる。だが、敵軍が応戦態勢を整えていれば、出撃しても勝てず、難所があるために退却も難しく、形勢不利に陥る。

4. 自軍が進撃しても不利であり、敵軍が進撃しても不利な地形は、道が分岐しているところである。このような地形では、敵軍から誘い水を向けられても決して進撃してはならない。むしろ自軍を退却させて敵軍を誘うことだ。敵軍が半分ほど進撃したところで攻撃に転じれば、戦況は有利になる。

張預：唐代の『李靖兵法』では、「双方に不利な地形では、こちらが退却すると見せかけ、敵軍がそれを見て半分ほど進撃してきたところを迎撃すればよい」と説く。

5. 両側から山が迫っている道幅の狭い地形では、自軍が先にその場所を占拠し、兵士を隘路に集結させ、敵軍を待ち受ける。逆に、敵軍が先にその場所を占拠し、敵兵が隘路に集結しているなら、進撃してはならない。ただし、敵兵が必ずしもその隘路を確保していないのであれば、進撃してもよい。

6. 険しい地形では、自軍が先にその場所を占拠し、日当たりの良い高地に布陣し、敵軍を待ち受ける。[*3] 逆に、敵軍が先にその場所を占拠していれば、軍を引いてそこを離れ、決して攻撃を仕掛けてはならない。

*3 本書では、「陰陽」の「陽」は「南」または「日当たりの良い」、「陰」は「北」または「日当たりの悪い」と解釈している。孫子の文章では、「陰陽」という用語に宇宙的な含意はない。

張預：平坦な地形でも、先にその場所を占拠したほうが有利である。ましてや険しくて危険な地形の場合であれば、その有利さは比較にならないから、敵軍に先に占拠されてはならない。*4

7. 双方の陣地から遠方にある土地では、戦力的に互角ならば、こちらから攻撃を仕掛けるのは難しく、敵軍が選んだ戦場で交戦するのは不利である。*5

8. 以上は地形に関する六つの道理である。最大限の注意を払って地形を調べ上げることは、将軍の最大の責務である。

梅堯臣：地形の情報は軍が勝利を得るために不可欠な要素である。

9. 軍には、戦う前に逃亡するもの、上官の命令に反抗的なもの、*6士気が落ち込んでいるもの、崩壊するもの、乱れるもの、敗走するものがある。以上の六つはいずれも自然の災厄によるものではなく、将軍が資質に欠けているからである。

10. 他の条件は互角なのに、兵士の数が十倍も多い敵軍を攻撃させるのは、自軍の兵士に戦う前に逃げろと命じているようなものである。

杜牧：兵力十倍の敵軍と戦うのであれば、まずは敵将の智謀、敵兵の勇気や怯懦、天の時、地の利、将兵の栄養状態や疲労の度合いなどを比較せよ。

11. 兵士が荒くれ者で軍吏が弱腰なら、反抗的な兵士が多くなる。

＊4 「険しい」とは「狭い通り道」である。そこが危険とされるのは、戦略的に重要な位置に当たり、そこを敵軍に占拠されると致命的だからである。

＊5 中国語原文では「戦而不利」であるが、意味を明確にするために「敵軍が選んだ戦場で交戦する」と補記した。

＊6 中国語原文は「有弛者」である。本来は「だらしのないもの」、「怠慢なもの」、「無気力なもの」などであるが、ここでは「反抗的なもの」という意味であり、注釈者の解釈も同じである。

杜牧：これは、兵士や下士官*7が横暴で、諸将が惰弱な軍のことである。例えば、唐代の長慶《ちょうけい》、*8田布《でんぷ》は、魏博《ぎはく》（現在の河北省南部）の軍を率いて王延湊《おうえんそう》を討伐するように命じられた。田布は魏博で育ったが、現地の人々は彼を軽んじており、数万の兵士が驢馬に乗って陣地に乗り込んでも、田布はこれを禁じることができなかった。数カ月の間、田布は指揮官の地位におり、いよいよ敵軍と一戦を交えようとすると、配下の将兵は戦う前に四方八方に逃げ散っていった。田布は恥じ入り、喉を掻き切って自殺した。

12. 軍吏が強気で兵士が臆病なら、軍の士気は落ち込むばかりである。*9

13. 軍吏の長官が将軍の措置に激怒してその命令に服せず、敵軍に遭遇すれば将軍に対する不満から、勝算も分からず命令も待たずに独断で戦闘を開始し、将軍もこの事態を収拾できないのであれば、軍として崩壊するしかない。

曹操：「軍吏の長官」は将軍の配下の諸将である。将軍に対する不平不満のあまり、彼我の戦力を比較検討することなく、敵軍に攻撃を仕掛けてしまうと、自軍の崩壊は必至である。

14. 将軍が意気地もなければ、威厳にも欠けるようであれば、威令も行き届かず、軍吏や兵士も統率が取れず、陣形も整っていない[*10]のは、乱れた軍である。

張預：混乱は自ら招いたものである。

15. 将軍に敵情を評価する能力がなく、寡兵で大軍と交戦したり、弱体な兵力で強力な敵軍に攻撃を仕掛けてみたり、あるいは先鋒となるべき精鋭の兵士が

*7 中国語原文は「伍」であり、本来は「五人一組」またはその組長、伍長、下士官のことである。
*8 八二一年～八二四年
*9 中国語原文は「陥」であり、本来は「沼地に落ち込んでいく」という意味である。兵士が臆病であれば、軍吏が兵士を叱責するほど、士気は落ち込んでいくものだ。
*10 中国語原文は「縦横」であり、「縦と横」という意味もあるが、ここでは「勝手気まま」という意味である。

いない軍は、必ず戦いに負けて敗走する。

曹操：軍がこのような状況では、逃亡兵が出てくるのは間違いない。

何延錫：前漢には「三河侠士《さんかきょうし》」（「三河」とは河東［現在の山西省南西部］、河内［現在の河南省北部］、河南［現在の河南省中部］を総称した地名）という抜群の腕を持つ剣客集団がいた。呉には「解煩《かいはん》」という突撃部隊がいた。斉には「決命」という特殊部隊がいた。唐には「跳盪《ちょうとう》」という奇襲部隊がいた。いずれも先鋒を任された精鋭部隊の別名である。交戦で勝利するには、彼らを動かして機先を制することが最も重要である。*11

全軍を陣営に集め、将軍が各部隊から精鋭の将兵を選ぶ。そのいずれも抜群の機敏さと頑強さを備え、優れた武術の持ち主であり、彼らで特別部隊を編成する。選抜されるのは十人に一人、一万人に千人である。

張預：戦闘には精鋭部隊を先鋒として用いることが不可欠である。なぜならば、その奮戦ぶりが全軍の奮起を促すだけでなく、敵軍の勢いをも鈍らせるからだ。

16. 以上の六つは、軍を敗北に至らしめる道理であるから、将軍たるものは最も重大なる責務としてこれらのことを十分に考える必要がある。

17. 地形を知っていれば、戦闘を有利に展開できる。したがって、敵情を検討しながら、戦場までの遠近および地形の険しさや平坦さを計算して勝算を見極めることが総大将の役割である。これらの要素を十分に考えて戦いに臨めば必ず勝利するが、そうでなければ必ず敗北に至る。

18. 勝算が十分にある場合、君主が戦うなと命じても、将軍は戦ってもよい。逆に、勝算が望めない場合、君主が戦いを命じても、将軍は戦わなくてもよい。

*11 その驚異的な剣術による敵軍との戦いで自軍の勢いを刺激しただけでなく、その卓越した技量と猛攻撃で敵軍を圧倒したこともあるだろう。

19. したがって、将軍たるものは、戦うと決めるのは名声を得たいためではなく、退却を決めても処罰を恐れない。ただ民衆を守り、君主の利益にもかなうと信ずるからに過ぎない。そのような将軍こそ国家の宝である。

李筌：そのような将軍には私心がない。

杜牧：そのような将軍は極めて少ない。

20. そのような将軍は兵士たちを赤ん坊のように慈しむからこそ、深い谷底でも兵士たちは将軍と行動を共にするのだ。また、兵士たちを可愛いわが子のように愛おしむからこそ、兵士たちは将軍と生死を共にできるのである。

李筌：将軍が兵士たちをこのように扱うなら、彼らは死力を尽くすだろう。だからこそ、戦国時代の楚の公子昌平君《しょうへいくん》は三軍の兵士に対して柔らかな真綿の衣でくるむように優しく声をかけたという。[*12]

杜牧：戦国時代、兵法家である呉起は最下級の兵士と衣食をともにした。寝るときには筵《むしろ》を敷かず、行軍の際には馬に乗らず、食糧も自ら背負い、兵士と労苦を分かち合った。

張預：兵法書では次のように説く。「将軍たるものは、軍の労苦を率先して味わう。酷暑の日にも日傘を用いず、酷寒の日にも厚着をしない。険しい場所では馬から降りて歩く。軍が井戸を掘り終わるまで水を飲まない。軍の食事の用意が終わるまで食べない。軍の防塁工事が終わるまで兵舎に避難しない」*13

21. だが、慈しむだけで戦いに用いることができず、愛するだけで命令に服従させることができず、軍規が乱れても統率できないのであれば、そのような兵士は甘やかしすぎた駄々っ子のようなものであり、役には立たない。

*12 昌平君が寒さに打ち震える兵士に同情に満ちた言葉をかけると、兵士は慰められ、衰えていた気力を持ち直すことができたという。

*13 軍事評論や軍事規範などを説いた書物を兵法書というが、張預はここで引用した兵法書を具体的に特定していない。

張預：優しくするばかりでは兵士は生意気な子どものように図に乗ってしまい、使い物にならなくなる。曹操が自らの髪を切り、自らを罰したのはこのためである。[*14] 一流の将軍とは、兵士から愛されながらも、畏れられるものだ。

22. 自軍が敵軍を撃破できる力があることは知っていても、敵軍の守備が堅くて撃破できない状況もあることを知っておかなければ、勝算は五分五分である。

23. 敵軍を撃破できる状況にあることは知っていても、自軍が敵軍を撃破できない状況があることも知っておかなければ、勝算は五分五分である。

24. 敵軍を撃破できる状況にあり、自軍も敵軍を撃破できる力があるのに、地の利がない状況があることも知っておかなければ、勝算は五分五分である。

25. したがって、戦の巧者は軍の動かし方を失敗することがなく、交戦しても窮地に立たされるということがない。

26. だからこそ、「敵軍の実情を知り、自軍の実情も知っておれば、勝利が脅かされることはない。地形を知り、天候も知っておれば、勝利は間違いない」といわれるのである。

*14 曹操が兵士に麦を踏み倒せば死罪に処すと宣言した後、不覚にも自分の馬が麦を踏み倒してしまった。曹操は側近に自らの首を切り落とせと命じたが、周囲は涙ながらに思いとどまるように諫めた。そこで、曹操は自らに処罰を科す代わりに自分の髪を切り落とし、たとえ総大将といえども軍法や軍規には従うべきことを示したのである。

TRANSLATION

11

The Nine Varieties of Ground

九地篇[*1]

＊1　本篇の当初の配列には議論の余地が多く、適切な文脈に沿っているとは思えない箇所が散見される。また、繰り返しも多く、古代の注釈が本文に挿入されたのではないかと思われる箇所もある。そこで、配列を見直すべきものは見直し、注釈の挿入と思われる部分は削除した。

孫子はいう。

1. 軍の運用に際しては、散地、軽地、争地、交地、衢地《くち》、重地《じゅうち》、圮地《ひち》、囲地、死地の九種類がある。*2

2. 散地とは、諸侯が自国の領土内で戦う土地をいう。

*2 ここでは多少の混乱が見られる。前篇では「交地」を「四方に通じている」地形と表現していた。

曹操：散地では、将兵は近くの故郷に戻りたいという思いが募り、どうしても逃げ散りやすくなる。

3. 軽地とは、敵国の領土に侵入してまだ間もない土地をいう。*3

4. 争地とは、彼我のいずれを問わず、奪ったほうが有利になる土地をいう。*4

5. 交地とは、彼我のいずれも自由に往来できる土地をいう。

杜牧：平原または平坦な土地であるために往来が容易であり、戦場にもなるが、防塁を築く土地にも適している。

6. 衢地とは、近隣三国と接している土地をいう。この土地を最初に占拠できれば、天下の民衆の支持を得られる。*5

7. 重地とは、敵国内に奥深く侵入し、すでに多くの敵城や村落を背後に控えている土地をいう。

曹操：この土地に至れば、撤退することは難しい。

8. 圮地とは、山林や険しい土地、隘路や湿地帯など、行軍が難しい土地をいう。[*6]

9. 囲地とは、入り込むには道が狭く、そこから引き返すには曲がりくねり、敵軍が寡兵でも大軍の自軍を攻撃できる土地をいう。[*7]

*3 「軽」地と表現されているのは撤退が容易であるためか、または遠征の途中であることから、将兵が放棄することを躊躇しない土地だからだろう。
*4 これは双方が争い合う土地であり、杜牧が指摘するように、「戦略的に重要」な土地である。
*5 国内のことを「天下」という。
*6 注釈者の間では「圮」を「難渋する」という意味に解釈する議論が多い。また、「氾濫を起こしやすい土地」という意味に限定しようとする向きもある。
*7 ここでは「攻撃できる」よりも、「釘付けにできる」とするほうが適切かもしれない。

杜牧：このような土地には伏兵を置きやすく、相手を全滅に追い込むこともできる。

10. 死地とは、死力を尽くして戦わなければ生き残れない土地をいう。

李筌：前方は山にふさがれ、後方は河川で逃げ場がなく、食糧も尽きているような状況においては、速攻を仕掛ければ望みはあるが、動きが鈍ければ全滅してしまう。

11. したがって、散地では戦ってはならない。軽地では立ち止まってはいけない。

12. 争地では敵軍が先に占拠していた場合、攻撃を仕掛けてはならない。交地では隊列を切り離してはいけない。[*8]

13. 衢地では近隣の諸侯と同盟関係を結ぶ。重地では略奪する。*9

14. 圮地では立ち止まらずに進む。囲地では策略を巡らす。死地では決死の覚悟で奮戦する。

15. 散地なら、兵士が逃げ散らないように団結心を高める。*10

16. 軽地なら、軍が浮足立たないように密集させて通過させる。

梅堯臣：行軍の際には、いくつかの部隊を連結させておく。留まる際には、兵営と防塁を近接させるように配慮する。

*8 曹操も「全軍を密集させよ」と説いている。

*9 李筌は「略奪すべきではない」と解釈している。敵地に奥深く入り込んでいるのであれば、現地の民衆の好意と支持を得ることが重要になってくるからだ。

*10 この15から23までの文章は本来、24の後に続くが、文脈を勘案した結果、このように配置を変更した。

17. 争地なら、遅れている部隊を急き立てる。

陳皞：敵軍が兵力数の優勢さを頼みとして先を争うのであれば、こちらも大軍を用いるために後方の軍を急き立てる。[*11]

張預：これは「敵軍に遅れて出撃し、敵軍よりも先に到着する」ための対応策と解釈する向きもある。[*12]

18. 交地なら、防御を厳重にする。

19. 衢地なら、近隣諸国との同盟関係を強化する。

張預：友好国に金銀財宝を贈呈して同盟を結び、外交的支援を確保しておく。

20. 重地なら、食糧を切らさないようにする。

21. 圮地なら、軍を早く進める。

22. 囲地なら、逃げ道をふさぐ。

杜牧：包囲軍が必ず逃げ道を用意しておくのは、敵軍に決死の覚悟で戦わなくてもよいと思わせるためだ。この油断に乗じ、敵軍に攻撃を仕掛けるのが兵法の常道である。こちらが包囲されており、敵軍が逃げ道を用意しているのであれば、これをふさぐ必要がある。かくして、将兵は戦いに死力を尽くすだろう。*13

23. 死地なら、死闘を繰り広げない限り、生き延びる道はないと兵士に知らしめる。そうすれば、敵軍に包囲されると必死で抵抗するようになり、他に生き

*11 陳皞は「遅れている軍」ではなく、自軍の「後方の軍」と解釈している。
*12 これは梅堯臣の解釈であり、中国語原文「後」を時間的な前後関係を示すものととらえている。
*13 北魏末期の頃、北斉の高歓《こうかん》将軍は爾朱《じしゅ》軍との戦いにおいて、このような状況に陥った。軍が伴っていた牛や驢馬で唯一の逃げ道をふさいだ。北斉軍はそれを見て覚悟が固まり、死闘を繰り広げた結果、二〇万人もの大軍を打ち破ったのである。

延びる道がないと悟れば死力を尽くして戦い、絶望的であるほど命令に素直に従うものだ。

24．九種類の地形に対応する戦術、軍を待機または前進させることによる利益、人情の道理の三つについては、将軍として十分慎重に検討しなければならない事柄である。*14

25．古代における戦の巧者は、敵軍の前軍と後軍が一体となって動けないように、大部隊と小部隊が相互に支援できないように、貴族と民衆が相互に助け合わないように、軍の上官と兵士が互いを支え合わないように仕向けたものだ。*15

26．また、兵士が分散したまま集結できないように、軍が集結しても陣形が整わないように仕向けたものだ。

孟氏：策略を多数用意しておく。例えば、西にいると見せかけて東から出撃し、あるいは北を攻めると思わせて南を攻撃するなど、敵将を狼狽させて軍を混乱に陥らせる。

張預：敵軍が無防備のところに奇襲を仕掛けたり、精鋭部隊に突撃させたりする。

27. 自軍に有利であれば攻撃を仕掛けるが、そうでなければ待機する。[*16]

28. では、教えていただきたい。敵軍が大軍であり、しかも整然と攻撃してきたら、どのように対処すればよいのか。お答えしよう。敵軍が重視している地

*14 この九種類の地形とは、本篇の2から10で説明されている。この一節は本来注釈であったものが本文に組み込まれたものと思われる。

*15 敵軍が集結できたとしても、有能な将軍が策略を施して内部に不和を引き起こせば、敵軍は無力化してしまうということである。

*16 宋代の学者施子美《ししび》は「状況が有利になると確認できない限り、軍を動かしてはならない」と注釈している。

点を奪い取れば、こちらの望むように動くだろう。*17

29. 戦いにおいては迅速さが肝要である。敵軍がまだ兵力を配備していないうちに意表を突く戦法を用い、警戒していない地点に攻撃を仕掛けるのだ。

杜牧：これは戦いの本質を要約しているだけでなく、将軍として最も重要な資質にも触れたものだ。

張預：孫子は戦闘における神速の大切さを改めて説いている。

30. 敵国内に侵入した場合、その奥深くに侵攻していれば、自軍は結束を固めるから、敵である迎撃軍には打ち破れない。

31. 肥沃な土地で食糧を略奪すれば、自軍の食糧は十分に賄える。

32. 将兵には十分休養を取らせて疲れさせないように配慮する。士気を高め、戦力を維持する。自軍の兵士にも目的地がわからないように軍を動かす。

33. 最後には、自軍を逃げ場のない状況に追い込めば、死に直面しても逃走できない。こうなれば、決死の覚悟で戦いを繰り広げないはずはない。将兵は力を合わせて死力を尽くすのみである。絶望的な状況に陥れば、もはや恐れるものなど何もなくなる。逃げ場がなくなれば、決死の覚悟が固まる。敵国に奥深く入り込めば、一致団結せざるを得なくなる。戦う以外に選択肢がなくなれば、白兵戦を演じることになる。*18

34. したがって、そのような状況下では、兵士は督戦されなくてもよく戦うもの

*17 質疑応答に関する説明は省かれている。
*18「戦う」という意味の中国語はいくつかあるが、ここで用いられている「闘」には接近戦の意味がある。

罰で脅されなくても信頼の置ける動きをする。[*19]

だ。強制しなくても進んで奮戦し、指図されなくても互いに親しみ合い、処

35．兵士が余計な財貨を持ち歩かないのは、財貨を嫌うからではない。これ以上生きたいと思わないのは、長生きしたくないからではない。

王皙：将兵が財貨を求めるのは、生きる希望が残されているときだけだ。

36．決戦の命令が下される日には、座り込んでいる兵士は涙で襟を濡らし、横たわっている兵士は涙が頬を伝わり、あごの先から滴り落ちる。

杜牧：兵士は皆死を覚悟している。決戦の前日には、次のような命令が発せられる。

「今日のことは、この一戦で決まる。命を惜しまぬ者よ、その身体を草野の肥やしに捧げ、鳥獣の餌となれ」

37. だが、このような兵士を逃げ場のない窮地に投じれば、誰もが専諸《せんしょ》や曹沫《そうかい》のような決死の勇者に変貌する。[*20]

38. そこで、戦の巧者は、常山に棲む「率然《そつぜん》」という名の蛇のように立ち回る。この蛇は、その頭を攻撃すれば尾が反撃を加え、その腹を攻撃すれば頭と尾が同時に反撃してくる。[*21]

39. 「軍はこの率然のような動きができるようになるのか」と問われれば、「できる」と答えよう。例えば、本来、呉人と越人は互いに憎しみ合う間柄である

*19 これは将兵に休養を取らせ、一致団結させ、戦力を保持し、自軍の兵士にも目的地を悟られない作戦行動を考える将軍が率いる軍のことである。
*20 この二人の英雄伝は、『史記』巻八十六刺客列伝第二十六に記述されている。
*21 この山は昔から恒山（現在の河北省曲陽県西北部）として有名である。前漢の文帝（劉恒、在紀元前一七九年～紀元前一五九年）の頃、皇帝と同じ名を忌避し、常山と改称された。また、「恒」という漢字を含む作品名もすべて「常」に改められた。

が、それでも同じ舟に乗り込んで川を渡り、途中で大風に見舞われるなら、右手と左手のように互いを助け合うものだ。

40. したがって、馬を繋ぎ止め、戦車の車輪を土に埋め込んで陣形を整えてみても、まだ安心はできない。*22

41. 全軍を勇者だけの集団のように変えていくことが、将軍の作戦指導の目的である。*23 また、地の利を活かせば、勇敢な兵士も臆病な兵士も最大限の働きをする。*24

張預：地の利を得れば、臆病な兵士や軟弱な兵士でも敵軍を撃破できる。ましてや精強な兵士が敵軍に勝てないはずがあろうか。勇者も弱者も十分に戦えるのは、地形の条件を理解して動くからである。

42. 将軍が任務に打ち込む姿勢は冷静沈着かつ奥深く、公明正大かつ自制心の強いものでなければならない。[25]

王皙：冷静であれば苛立たず、奥深ければ外部からは悟られず、公明正大であれば不適切な判断を下すことはなく、自制心が強ければ平常心を失うことはない。

43. 将軍は自ら定めた軍事作戦を将兵に知られないように工夫しなければならない。

*22 このように陣形を整えただけでは、兵士の逃亡を防ぐことはできない。
*23 中国語の直訳では、「兵士に同じように勇気を持たせることは、将軍が行う作戦指導の正しいあり方である」となる。
*24 張預によれば、軍を動かす際には地形の条件を重視せよと説く。各部隊の実情に十分考慮して担当地点を割り当てるなら、どの部隊でも最善の結果が得られる。たとえ臆病な部隊でも地の利を得れば十分に戦えるが、地の利がなければ敵軍に蹴散らされる。
*25 ここは曹操と王皙の注釈を参考にした。ちなみに、曹操は「将軍たるものは、心を静かにして、奥深く、公正な姿勢を保つべきである」と解釈している。

曹操：将兵は将軍とともに勝利を喜ぶことはできるが、軍事作戦の策定に参加することはできない。

44. 占いごとを禁じ、将兵が疑心を抱かないようにする。

曹操：吉凶の占いを禁じ、作戦に疑問や頼りなさを感じさせないようにする。*26

張預：『司馬法《しばほう》』には、「占いごとは厳禁」とある。

45. 作戦手法を頻繁に変更し、作戦計画を次々と修正することで、将軍の本当の意図を将兵に悟られないようにする。

張預：前回従った手順や実施した作戦計画は変更する必要がある。

46. 駐屯地を幾度も移転し、遠回りの進路を何度も選び、将軍の真の目的が他に見破られないようにする。[*27]

47. 将軍の任務は、全軍を集結させて逃げ場のない状況に放り込むことだ。

48. 軍を敵地の奥深くに引率し、矢を放つように[*28]軍を決戦に向けて進軍させる。

49. 将軍は船を燃やし、料理鍋を打ち壊し、従順な羊の群れを追い込むように、軍を急き立てる。今はこちらの方向を目指せと命じながら、次はあちらの進路を行けと尻を叩くから、将軍が向かおうとしている目的地を知る者は誰もいない。[*29]

*26 曹操の注釈が漏れているテキストもある。それは、その当時には様々な注釈本が世の中に出回っていたということである。
*27 「敵軍に将軍の作戦を見破られないようにする」という解釈もあり、梅堯臣はこれに賛同している。
*28 中国語原文「発機」は、通常「引き金を引いて矢などを放つ」という意味であるが、ここでは「将軍の本当の狙いを実行に移す」ということだ。王晳は「引き金を引けば、矢は二度と戻ってこないということだ」と注釈している。
*29 自軍の将兵や敵軍のいずれも、将軍の最終的な作戦を見抜くことはできない。

50. 将軍は決戦の日を定め、両軍が相対したところで自軍の逃げ道をふさぐ。あたかも高所に登らせた後、梯子をはずすようなものだ。

51. 近隣諸侯の戦略がわからないようでは、事前に同盟関係を結ぶことはできない。山林や要害の地、湖沼などの地形がわからないようでは、軍を進めることはできない。現地の地形に詳しい案内役を使いこなせないようでは、地の利を活かすことはできない。以上の三つのこと[*30]を一つでも知らない将軍であれば、覇王の軍を指揮するにはふさわしくない。

曹操：これら三つのことには以前も触れている。孫子がなぜ改めて言及したのかといえば、軍をまともに指揮できない将軍を徹底して排除したいからである。

52. 覇王が大国を討伐すれば、その大国は兵力を動員できない。[*31]敵国を威圧すれば、その敵国はどの国とも同盟を結べずに孤立する。

梅堯臣：大国を討伐する際、敵軍の兵力を分散させることができれば、覇王の軍は敵軍を打倒するのに十分すぎるほどの力を持つことになる。

53. したがって、強力な同盟に対抗する必要もなければ、天下に対する権力を強化しようとせずとも、自分の意志を貫けば、武威は敵国を圧倒する。その結果、敵国の都も落とせるし、城郭も抜くことができる。*32

曹操：覇王とは諸侯の盟主ではない。天下の諸同盟を解体した上で天下の権威ある地位を奪った者である。その威光をもとに、自分の求めるものを手に入れる。

杜牧：隣国とは相互支援の盟約をせず、覇権への地歩を固めることもしない。だ

*30 中国語原文は「四五者（四つか五つ）」であるが、「此三者（この三つ）」の誤りであろう。

*31 この文章と次の文章には異論がある。例えば、張預は「覇王の軍が自らの勢いを頼みとして性急に大国を討伐するなら、覇王の同盟国が支援に馳せ参じることはない」と解釈している。一方、他の注釈者は著者と同意見である。

*32 注釈者の間でも議論が分かれている。個人的には、孫子は「覇王」であれば「強力な同盟」に対抗する必要はないと考えていたと思われる。覇王は敵対する諸国が同盟を結ぶことを許さない。その結果、敵国は外交的に孤立してしまうからだ。

が、覇王の欲望を実現するには自らの武威だけを頼りとし、敵国をその兵力で圧倒していく。かくして、敵国の城郭を抜き、敵国も倒せる。*33

54. 従来の慣習に関係なく褒賞を与え、前例を無視して命令を下せば、全軍の大部隊を動かすことも、一人の人間を動かしているようなものである。*34

張預：賞罰の規定が明確であり、実施も速やかならば、大部隊も小部隊のように動かすことができる。

55. 軍には仕事だけを命じ、その目的は説明してはならない。有利な点だけを伝え、不利な点を教えてはならない。軍を絶望的な状況に投げ込めば、はじめて生き延びる道が見えてくる。死地に導き入れてこそ生きる望みも生まれる。軍をそのような窮地に立たせてこそ、死闘を演じて勝利を手にすることができる。

56. 軍事行動の要点は、敵軍の意図を推測して対処することにある。*35

57. 敵軍の作戦に合わせて自軍を集結させ、千里の遠方から敵将を仕留める。*36 これを巧妙な仕掛けで目的を成就させる力という。

58. 開戦を決した日には、国境の関所をすべて封鎖し、通行許可証を無効とし、*37 敵国の使節入国を禁じ、廟堂で議論を尽くし、軍事作戦を定める。

*33 この部分の解釈は多岐に分かれているが、いずれも説得力がある。
*34 ここでは、現場の指揮官たる将軍は、功績を挙げた者には従来の手続きを無視して速やかに褒賞を与え、軍令も従来の定めに従う必要はないと強調しているが、前後の文脈から見れば場違いな内容だろう。
*35 これは杜牧の注釈を参考にしており、大胆すぎるかもしれないが、他の注釈者たちもこれが孫子の伝えたいことであるという。
*36 曹操の注釈を参考にした。名のある戦略家は敵軍の作戦を見抜き、千里の彼方で撃破するものだ。
*37 中国語の原文は「折符」である。「折」とは破棄することであり、「符」は通行許可証である割り符のことである。当時、旅行者は「割り符」を所持し、関所の役人がこれを吟味した。正当な割り符がなければ、合法的な出入国を認められなかった。

59. 敵国が隙を見せれば、それに乗じて素早く侵入する。*38 敵国の重要地点を見定め、密かに決めた攻撃日時に基づいて動く。

60. 開戦の可否を決めるには、敵情を知ることが戦争の鉄則である。*39

61. したがって、最初は処女のように物静かに控えていても、敵国が隙を見せた途端、追っ手から逃れる兎のように急襲すれば、とても防ぎ切れるものではない。

*38 これを「敵が間諜を送れば、すぐにこれを国内に入れよ」と解釈する注釈者もいる。曹操は「隙があれば、すぐに侵入せよ」と解釈しており、これに準じた。

*39 注釈者は、本来これは本文ではないという。また、56〜61の文章は、翻訳や解釈の仕方次第でさまざまな内容が考えられる。

TRANSLATION

12

Attack by Fire

火攻篇

本篇

孫子はいう。

1．火攻めには五種類ある。第一に火人（兵営の兵士に対する火攻め）、第二に火積《かし》（野外に積まれた食糧の山に対する火攻め）、第三に火輜《かし》（行軍中の輜重隊に対する火攻め）、第四に火庫（物資倉庫に対する火攻め）、第五に火隧《かつい》（補給路などの行路に対する火攻め）である。*1

*1 杜牧は、弩を構えた部隊が敵軍の兵舎や貯蔵庫などに向けて火矢を放つ戦術である、と説明している。他の注釈者も様々な解釈を施している。

2. 火攻めを行うには、内通者や工作員が必要である。

曹操：敵軍にいる内通者に頼らなければならない。*2

張預：火攻めは、すべて気象条件に左右される。

3. 火攻めには、事前準備が必須である。

張預：火付けの用具と燃焼物は必ず事前に準備しておく。

4. 火攻めをするには適切な時があり、火の勢いを盛んにするには適切な日がある。

5. その時というのは、乾燥している時である。その日というのは、月が天の箕《き》（射手座）、壁《へき》（ペガサス座の一部）、翼《よく》（コップ座）、軫《しん》（からす座）の各星座と重なり、風の勢いが強まる日である。[*3]

6. 火攻めには、変化する状況に応じて適宜対応しなければならない。

7. 火が敵陣営内で燃え上がったときは、すぐに呼応して外から攻撃を開始する。ただし、火が燃え上がっていながら敵軍が平静さを保っている場合、しばらく様子を見守り、攻撃を仕掛けてはならない。

8. 炎が高く上がるとき、攻撃可能であれば攻撃し、無理なようであれば待機する。

*2 「敵軍」の文字は後世に追記されたものである。陳皥《ちんこう》は、必ずしも内通者だけに頼るとは限らないとしている。
*3 孫星衍は、原文を『通典』や『太平御覧』に基づいて修正を加えている。だが、本書では原文のほうが妥当と考え、原文に基づいている。

9. 敵陣の外から放火できるのであれば、敵陣内の放火を待つ必要はなく、時機を見計らい、火をかける。[*4]

10. 風上から燃え出したときには、風下から攻撃してはならない。

11. 昼間に風が吹き続けたなら、夜になれば風は吹きやむ。[*5]

12. 以上の通り、軍は火を用いた五種類の攻撃法に精通し、常に慎重に動くことだ。[*6]

13. 火を攻撃の助けに用いるのは将軍の智恵によるものであるが、水を攻撃の助けに用いるのは兵力の強大さによるものだ。

14. 水攻めなら敵軍を分断できるが、敵軍の装備は奪えない。[*7]

15. 戦闘では勝利し、戦果も挙げながら、それに伴う国益的成功を求めずに戦争を続けることは不吉なことであり、「費留《ひりゅう》」（浪費を続けながら国外に留まっている）と呼ばれる行為である。[*8]

16. したがって、賢明な君主は戦争の終わり方を慎重に計画し、有能な将軍はそれを実行に移す。

＊4 このような状況では、自軍陣営で火を用いて料理してはならない。風下の敵陣に煙が流れて気づかれてしまうからだ。
＊5 張預の注釈に基づく。
＊6 杜牧の注釈に基づく。
＊7 曹操の注釈に基づく。
＊8 梅堯臣は「有利な状況を活用しなければならない」という孫子の真意を理解した唯一の注釈者である。

17. 国益にならないのであれば、動かない。勝算が見込めなければ、軍を用いない。危険が迫っていなければ、戦わない。*9

18. 君主は怒りに任せて軍を動かしてはならず、将軍も激怒のゆえに戦闘を始めてはならない。怒りはやがて収まり、幸せな気分になるであろうし、高ぶった感情もやがて鎮まり、愉快な気分を取り戻すだろう。だが、滅亡した国家は二度と立て直すことはできず、死んだ人々が生き返ることもない。

19. だからこそ、賢明な君主は慎重に振る舞い、有能な将軍は軽々に戦うことはない。*10 これこそ国家を安泰に保ち、軍を保全する道である。

*9 注釈者は、戦争が最後の手段に限り利用されるべきことを明らかにしている。
*10 怒りや憤激は軽率な行動につながる。

TRANSLATION

13

Employment of Secret Agents

用間篇[*1]

本篇

*1「用間」とは、二つの関係に亀裂を入れ、分裂させ、離間させるということであるが、スパイや諜報活動という意味もある。

孫子はいう。

1. 一〇万人の軍隊を編成し、千里[*2]の向こうに遠征させるとすれば、民衆の出費や国家の支出は日々千金にも上る。国の内外を問わず、遠征騒動は続き、民衆は軍需物資の輸送に駆り出されて疲弊し、農作業に専念できないものは七〇万戸にも達するだろう。

*2 「千里」というのは具体的な距離ではなく、「遥か彼方」というほどの漠然とした概念である。

曹操：古代の共同体は八戸単位で構成され、一戸から働き手を兵士に送り出せば、残りの七戸がその一戸の農作業を助けた。すなわち、一〇万人の軍隊を編成すれば、七〇万戸は自分の農作業だけに専念することが許されなかったのである。

2. 敵軍と長年にわたり対峙した挙句、わずか一日の戦いで勝負を決するのである。それにもかかわらず、爵位、俸禄、百金の褒美を与えることを惜しむあまり、敵情を知ろうとしないのは、民衆を慈しむ仁の道に反する。そのような者はとても将軍の器ではなく、君主の補佐役ともいえず、勝利の主宰者でもない。

3. 一方、賢明な君主や有能な将軍が軍を動かせば常に敵軍に勝利し、尋常ならざる成功を収めるのは、敵情を事前に調べ尽くしているからである。

何延錫：周朝の行政組織を記録した『周官（または『周礼』）によれば、「士師《しし》」という官職が諜報を所管し、他国における諜報活動を指揮する。*3

4. 事前に情報を知るには、鬼神の力を借りてできるものではなく、過去の事例から類推できるものでもなく、天界の法則に基づいて予測できるものでもない。それは必ず敵情をよく知る者から入手する必要がある。

5. 間諜の運用法には五種類ある。それは、因間、内間、反間、死間、生間である。

6. これら五種類の間諜が同時並行的に活動しながらも、互いに互いの活動を知らずにいるのは、神妙不可思議な運用法というべきものであり、彼らは君主にとって貴重な宝物である。*4

*3 諜報工作と監視活動は本来儒教の教えに反するものであるが、その正当性を裏付けるために伝統的権威の衣を借りようとしたのであろう。

*4 情報は魚の一本釣りのように単独で釣り上げ、その後で一つにまとめるという考え方である。

7. 因間とは、敵国の民間人を間諜として運用するものである。

8. 内間とは、敵国の役人を間諜として運用するものである。

杜牧：敵国の役人のなかには、賢人なのに失職した者や過失を犯して処罰された者がいる。また、財物を貪欲に求める寵臣や側近、長年低い地位にいて処遇に不満を抱えている者、責任ある地位を得ていない者、苦境のなかでも自らの能力以上に利益を求めようとする者、裏表があり、二心があり、詐術を弄する者、日和見主義者もいる。このような人間には、その待遇を内々に聞き、高額の報酬、金品や絹織物などを気前よく贈り、こちらと関係を築く。その後、彼らは敵国内の実情を探るとき、あるいは自国に敵対する計画の裏付けを取るときに役立つ。さらに、敵国の君臣間に亀裂を入れ、不和を生じさせるときにも有用である。

9. 反間とは、敵国の間諜を自国の間諜として運用するものである。

李筌：敵国が間諜を放ち、自国の利害関係を探りに来たなら、この間諜を賄賂漬けにして母国を裏切らせ、自国の間諜として運用する。

10. 死間とは、自国の間諜に対して故意に虚偽の情報を与え、敵国にそれを流させて敵国の反応を待つものである。

杜佑：偽情報を自国の間諜（死間）に与え、敵国に流れるように仕向ける。すなわち、敵国内で活動中の死間が逮捕され、敵国が死間から偽情報を入手する。敵国はこれを本物と確信し、然るべく準備態勢に入る。当然ながら、こちらの動きは偽情報に基づくものではないので、死間は偽情報をつかませた罪で処刑されてしまう。このような間諜を「死」間と呼ぶ。

張預：宋代の曹太尉は死刑囚を許し、僧侶に変装させ、蠟の弾丸を飲み込ませて西夏に入国させたが、すぐに逮捕された。偽僧侶は蠟の弾丸のことを当局者に告白し、ただちに便器にこれを出した。この弾丸を開けてみると、曹太尉から西夏の謀臣への親書が入っていた。西夏の君主はこれに激怒し、その謀臣を誅殺し、この偽僧侶も処刑した。これも死間である。また、他の例もある。私は敵国へ使者を送り、和平を約束した後、相手を攻撃したことがある。このために、和平の使者は敵に殺されてしまった。これも死間である。

11．生間とは、敵国から戻ってきては情報をもたらすものである。

杜佑：賢明で智謀に秀で、君主や権勢者と親しい人物に近づける人間を選ぶ。そうすれば、敵国の動静が察知でき、手の内が事前に知れる。生間は敵国の実情を頭に入れて帰国し、自国に報告する。生きて帰還する間諜なので、「生」間という。

杜牧：生間は彼我の間を往来して敵情を報告する。生間には次のような人が求められる。例えば、実際には賢明でも、あたかも愚物のように見える人。冴えない風体ながらも、芯は強い人。身は軽く、精力的で忍耐力があり、勇敢な人。下世話なことに精通し、空腹、寒さ、不潔さ、そして屈辱にも耐えられる人。

12. このようなことから、全軍のなかでも、将軍と最も近しいのは間諜であり、褒賞において最も厚いのも間諜であり、最も機密性を求められる仕事も間諜である。

梅堯臣：間諜は将軍の幕営内で命令を受けるほど、将軍と最も親しく近しい関係にある。

杜牧：間諜と将軍は、口から出す言葉をそのまま相手の耳に入れるほど近しい。

13. 智恵深くもなく、賢明でもなく、思いやりもなく、公正でもない将軍は、間諜を使いこなすことはできない。微妙な心配りができない将軍には、間諜が収集してきた情報に潜む真実をとらえることはできない。

杜牧：間諜としての資質を見るには、その誠実さ、正直さ、聡明さに問題がないことを確認する。その後、間諜として用いる。間諜のなかには、敵国の実情を把握することもなく、ひたすら物欲だけが旺盛な連中もいる。彼らは私の要求に対し、空虚な言葉で応ずるばかりだ。[*5] このような場合、相手の微妙で奥深い心の動きを探る必要がある。間諜が話す言葉の真偽のほどを見極めなければならないからだ。

梅堯臣：間諜が敵国に寝返らないように用心しなければならない。

14. 何と微妙なことであろうか。また、かくも複雑なことであろうか。間諜はどのようなことにも用いられるのである。

15. 秘密工作に関する計画が事前に漏れ聞こえたならば、担当の間諜とその情報をもたらした関係者はすべて死刑に処する。[*6]

陳皞：諜報活動を通報してきた者も担当の間諜もすべて口をふさぐために殺し、敵側に知られないようにする。

16．攻撃したい敵軍、抜きたい敵城、暗殺したい人物については、必ず守備隊の将軍、左右の側近、謁見の取次役（謁者）、門番、雑役担当者（舎人）の氏名を割り出し、間諜に彼らの身辺情報を詳細に調べ上げさせる。

杜牧：攻撃を仕掛けたいなら、まずは敵側に仕えている人物の賢愚、手際の巧拙を調べ、人物の器量を判断する。漢王劉邦が魏豹《ぎひょう》を攻めるために韓信、曹参《そうしん》、灌嬰《かんえい》を派遣した。劉邦が周囲に問うた。

「魏の大将は誰だ？」

「柏直《はくちょく》という者です」

「何だ、あの口が乳臭い奴か。韓信の相手ではない。騎将は誰だ？」

「馮敬《ふうけい》です」

「秦の将軍である馮無択《ふうむたく》の子か。確かに賢いもしれないが、灌嬰の敵ではない。歩将は誰だ？」

＊5　このような間諜は、今なら「出まかせ野郎」と呼ばれるだろう。
＊6　孫子が問題視しているのは、諜報活動やそれに関連する事項や計画が漏れることである。

「項它《こうた》と申す者です」

「曹参には勝てないな。ならば、何の心配もないということだ」

17．敵国の間諜を探し出し、見つけたら巨額の賄賂を与えてこちらに寝返らせる。これを反間として使いこなすのである。

18．この反間がいれば敵情が筒抜けになるので、敵国内にいる因間や内間になりそうな人間を見つけ出し、間諜として働かせることができる。

張預：反間は強欲な自国人や不満を抱く役人を知っているので、こちら側の間諜として誘うことが可能である。

19．そこで、死間に偽情報を持たせ、敵国に流す作戦が使える。

張預：反間は敵国が何に騙されるかを知っているので、死間を放ち、それに関する偽情報を流せばよい。

20. また、生間も予定通りに働かせることができる。

21. 君主はこの五種類の間諜から得られる情報を把握しておかなければならない。だが、これらの情報は常に反間の働きによるものなので、反間は必ず厚遇される必要がある。

22. 古代において、殷朝が夏朝を破って天下を制したとき、夏朝にいた伊摯《いし》の働きがあった。周朝が殷朝を破って天下を制した時、殷朝にいた呂牙《りょが》の働きがあった。*7

張預：伊摯は夏朝の大臣であったが、後に殷朝に帰した。呂牙は殷朝の大臣で

*7 伊摯や呂牙（呂望《りょぼう》または太公望）のような英雄を間諜呼ばわりすることに憤慨する注釈者もいるが、実際その通りなのだから仕方がない。

あったが、後に周朝に帰した。

23. すなわち、賢明な君主や有能な将軍だけが智恵深い者を間諜として使いこなし、必ず偉大な功績を挙げることができる。この間諜の働きこそ戦争において最も重要であり、全軍がその働きを頼りとして行動するのである。

賈林：軍がこの五種類の間諜を備えていなければ、耳目を持たない人間と同じである。

APPENDIX

I

A Note on Wu CH'i

呉起に関すること

補遺

呉起は孫子と並び称される人物である。紀元前四三〇年頃に衛の国（現在の山東省菏沢《かたく》市）で生まれ、紀元前三八一年に殺された。若い頃は孔子の弟子である曾参《そうしん》を師と仰いだが、母親の葬儀に参列しなかったことで親不孝者と嫌われて破門され、呉起はそのまま師の前から姿を消した。

呉起は魯の国に行き、兵法を学び、まもなく兵法の専門家として知られるようになった。魯と斉が戦争状態に入ると、呉起は魯軍を指揮したいと願ったが、君主は彼を将軍に任命することを躊躇した。呉起の妻は敵国の斉人だったからだ。そこで、呉起は自分の妻を殺し、魯国への忠誠心に偽りのないことを示し、華麗な軍歴を証明する日々が始まった。

後年、魏の国に仕え、君主である文侯《ぶんこう》の寵愛を受けた。文侯が亡くなると子の武侯《ぶこう》に仕えた。ある日、武侯が西河《せいが》（現在の陝西省の東部）を船に乗って下っていたとき、呉起に対し「このあたりの山河は何と素晴らしいことか。そのまま自然の要害となっているではないか」と感嘆の声を上げた。呉起は次のように応じた。

「国防ということでは、君主の徳は峻嶮な山河よりもはるかに重要であります」

紀元前三八七年、呉起は武侯に疎んじられるようになり、殺されるかもしれないと恐れ、楚国へ逃亡した。その楚国では君主の悼王《とうおう》に寵愛され、宰相に上り詰め、政治改革を断行し、旧来の悪弊を徹底的に打破したため、旧勢力の多くを敵に回した。そのため、庇護者である悼王が病死すると、呉起は殺された。

将軍としての呉起は厳格な姿勢を貫いたが、兵士とは苦労を分かち合うことで、彼らから絶大なる信頼を得た。

呉起の著作とされる『呉子』が完成したのは、彼の死後であることは間違いない。

序章

1. 呉起は儒者の身なりで兵法を説くということで、魏の文侯に謁見する機会を得た。

2. 文侯が「戦争は好まない」と言うと、呉起は次のように話し始めた。「私は表に見えるものから隠れているものを見抜き、過去の出来事から未来を占うことができます。主上よ、どうして心の中と異なることをおっしゃるのですか。

3. 今、主上はいつも動物の皮を剝いではなめし、朱塗りの地に赤や青の絵の具を用いて犀《さい》や象を派手に描かせておられます。これを冬に着ても暖かいとは思えず、夏に着ても涼しいとは思えません。また、二丈四尺の長槍や一丈二尺の短い矛《ほこ》を作り、車輪や轂《こしき》までも皮革で覆われた戦車を用意しています。このような戦車は見た目も美しくなく、狩猟に用いても使い心地のよいものではありません。

4. 主上よ、これらを何に用いるおつもりですか。攻撃や防御に備えておきながら、これらの武器や用具を使いこなせる者を求めないのであれば、例えば、うずくまっている鶏が狐と闘い、仔犬が猛虎に挑みかかるようなものです。すなわち、いくら戦意があろうとも、結局殺されるばかりです。

5. 昔、承桑《しょうそう》氏は徳を修めることに力を注ぎ、軍備を廃したために、その国は滅んでしまいました。また、有扈《ゆうこ》氏は大兵力を頼みとし、武勇ばかりを好んだために、国を失いました。賢明な君主ならばこれらを教訓とし、国内的には学問を発展させ、徳を深めながらも、対外的には軍備を充実させるべきであります。敵と対決するときに進撃をためらうのは義とはいえず、戦場の死者を見て悲しみに暮れているばかりでは仁とはいえません」

6. 文侯はこの呉起の説くところを聞き終わると、自ら席を設け、夫人に酒杯を捧げ持たせて礼を尽くした。その後、宗廟《そうびょう》において呉起を将軍に任命し、西河の守備に当たらせた。呉起は諸侯と交戦すること七六回に及び、そのうち完勝は六四回、残りは引き分けという圧倒的な戦績を挙げた。魏が領土を四方に広げて千里先まで拡大できたのは、すべて呉起の功績であった。

第1章　図《と》国《こく》（戦争と政治）

第1節

呉起はいう。

1．昔から国家を統治しようとする者は、必ず朝廷内の百官を教育し、民衆と親しむことを第一に心掛けなければならない。

2. 世の中には四つの不和がある。国内が不和であれば、軍を動かせない。軍の内部が不和であれば、陣形を組めない。陣営の内部が不和であれば、進撃できない。兵士の間に不和があれば、勝利は望めない。したがって、道をわきまえた君主は、民衆を戦に用いようとすれば、まずは民衆と心を一つにしてから大きなことに着手するものだ。

3. そのような君主は独断に走らず、必ず宗廟に報告し、亀甲を焼いて今が天の時かどうかを占い、吉と出たところで軍を動かす。

4. このようにすれば、民衆は君主が自分たちの命を大切に考え、その死を惜しんでくれるのだと知るであろう。そこで国難に臨むならば、兵士は自ら進んで戦死することを名誉と思い、退却して生き延びることを恥辱と思うであろう。

第2節

呉起はいう。

1. 道とは、根本に帰り、始めに立ち戻るためのものである。義とは、ものごとを行い、功績を立てるためのものである。謀とは、害を避け、利益を得るためのものである。要とは、国家の体制を保ち、君主の地位を守るためのものである。行いが道に反し、義に背きながら、要職の地位にあるならば、必ずや災いがその身に及ぶであろう。

2. そこで、聖人は道をもって民衆を安心させ、義をもって統治し、礼をもって動かし、仁をもって慈しむ。この四つの徳を修めるならば国は栄えるが、これらを軽んじれば国は滅びる。したがって、殷《いん》朝の湯王《とうおう》が夏朝の桀王を討伐したとき、夏の民衆は大いに喜び、周朝の武王《ぶおう》が殷朝の紂王《ちゅうおう》を討伐したとき、殷の民衆がこれを非難することはなかった。湯王や武王は天の声や民衆の願いに従って行動したので、悪逆の王を討伐することができたのである。

第3節

呉起はいう。

1. 国家を統治し、軍を支配するには、必ず礼を通じて民衆を教育し、義を通じて民衆を励まし、恥というものを教え込む必要がある。民衆が恥を知るようになれば、大兵力があるときには攻撃して勝利するのに十分であり、兵力が小さくても守り抜くのに十分である。一方、攻撃して勝利するのは容易であるが、防御に回りながら勝利することは難しい。だからこそ、戦国の世において、五度も勝つような国には災いが訪れ、四度も勝つような国は疲弊することを避けられず、三度も勝利した国は覇を唱え、二度勝利した国は王となり、一度勝利しただけで天下をものにした国は帝になれるという。かくして、連戦連勝の末に天下を得た者は稀であり、その大半は疲弊して滅亡するのである。

第4節

呉起はいう。

1. 戦争の原因は五つある。すなわち、名誉欲、利益、憎悪、内乱、飢餓である。

2. また、戦争の種類も五つある。すなわち、義兵、強兵、剛兵、暴兵、逆兵である。義兵とは暴力を抑え、乱れた世を救うことである。強兵とは大兵力を頼んで攻撃することである。剛兵とは憤怒の勢いで攻撃することである。暴兵とは礼節を捨て、利益を貪るために攻撃することである。逆兵とは国内が乱れて民衆が疲弊しているのに、戦争に駆り出すことである。

3. 以上の五つの戦争に対処する方法はそれぞれにある。義兵には礼を通じて戦争を避ける。強兵には謙虚な姿勢で臨む。剛兵には理路整然とした外交交渉で応対する。暴兵には策略を駆使して対処する。逆兵には状況に応じた便宜的措置を講ずることだ。

4. 魏の武侯《ぶこう》が呉起に問うた。

「軍を支配し、人材を登用し、国家を強くする方法を聞きたいものだ」

呉起がこれに答えた。

「古代の賢君は必ず君臣の礼を尊び、上下の秩序を重んじ、役人や民衆を安んじ、習俗を尊重しつつ教え導き、優秀な人材を選抜し、不測の事態に備えたものです。

5. その昔、斉国の桓公は五万人の兵士を動員して諸侯の覇者となりました。晋国の文公は四万人の先兵を動かして志を遂げました。秦国の穆公《ぼくこう》は三万人の突撃隊を編成して隣国を降伏させました。したがいまして、強国の君主は、自国の民衆の力量というものを見極めなければなりません。民衆の中でも、胆力や気力に優れ、勇猛果敢な者を集めて部隊を作ります。また、好戦的で全力を尽くして武功を挙げて忠勇を示そうとする者を集めて部隊を作ります。さらに、高所を飛び越え、遠方を踏破するなど脚力に秀でた者を集めて部隊を作ります。加えて、王臣の地位を失ったものの、再起を目指す意欲に燃えた者を集めて部隊を作ります。最後に、過去に城を捨て、あるいは陣営から逃亡したことがあり、その恥をそそぎたい者を集めて部隊を作ります。以上の五つは軍の精鋭部隊であります。これらが三千人もいれば、城内から出撃すれば敵軍の包囲網を突破できますし、外から敵城を攻略することもできます」

第5節

1．武侯が問うた。
「陣を設営すれば必ず安定し、守れば必ず堅く、戦えば必ず勝つという方法を教えていただきたい」

呉起は次のように答えた。

「お聞かせしてもよろしいですが、ここですぐにご覧いただくこともできます。主上におかれては、平生から賢者を高官に配置し、不肖の輩を低い地位につけているならば、すでに陣は安定したも同然であります。民衆が暮らしに安心感を覚え、役人に親しみを覚えているのであれば、すでに守りは堅いでしょう。民衆が自国の君主を正しいと思い、隣国が間違っていると考えているようであれば、すでに戦いに勝ったようなものであります」

2. 昔、武侯が諸臣と会議を開いたとき、誰も武侯に勝る意見を出せなかった。朝廷を退出するとき、武侯は喜色満面の表情をしていた。そこで、呉起が武侯の面前に進み出て、次のように諌言した。

「その昔、楚国の荘王が会議を開いたとき、誰も荘王に勝る意見を出せませんでした。朝廷を退出するとき、荘王は不安な表情をしていました。それを見た申公《しんこう》が荘王に『なぜそのように不安気な様子をしておられるのですか』と尋ねました。これに対し、荘王は答えました。『私はこんな話を聞いている。世の中にはいつでも聖人がおり、国内には賢人も少なからずおり、その中から師を得られる者は王者になり、友を得られる者は覇者になれると。今、この私は無能にもかかわらず、誰も私に及ぶ者がいない。このようなことでは、わが楚国はどうなってしまうのであろうか』

このように、荘王は心配なさいましたのに、主上はむしろ喜んでおられるようです。このことについて、わたくしは密かに懸念しているのです」

これを聞き終わると、武侯は恥じ入ったようである。

第2章 料敵《りょうてき》(敵情分析)

第1節

1. 武侯が呉起に問うた。

「今、秦国はわが国の西方を脅かし、楚国はわが国の南方を包囲し、趙国はわが国の北方と対峙し、斉国はわが国の東方と向き合い、燕国はわが国の後方を断ち、韓国はわが国の前方に陣地を構えている。この六カ国の軍が四方を取り囲んでおり、わが国の情勢は甚だ芳しくない。この現状をどのように打破すればよいだろうか」

呉起は次のように答えた。

2. 「国家を安泰にする道は、第一に警戒を怠らないことです。今、主上におかれては、すでに警戒なさっておられますので、災いは遠のいているでしょう。では、その六カ国の敵情をご説明いたしましょう。まず、各軍について申し上げます。斉軍は重装備ながら守備には弱いところがあります。秦軍はまとまりに欠けていますが、個々の兵士は戦意旺盛であります。楚軍は整っていますが、忍耐力に乏しいようです。燕軍の守備は堅固であり、逃亡するような兵士はおりません。韓軍、すなわち三晋《さんしん》の軍は威令が行き届いているように見えますが、実際には役に立たないようです。

次に各国について申し上げます。

斉人は剛直な性格であり、国も富み栄えていますが、君臣ともに高慢であり、民衆を軽んじています。政治は寛大といえますが、俸禄は公明正大ではなく、軍の内部も統一がとれておらず、前衛が重装備なのに後衛は軽装備という具合です。この斉軍を破るには、わが兵力を三分割し、敵軍の左右を襲って乱れを生じさせ、敗走する敵軍を追撃すれば撃破することができます。

秦人は強靭な性格であり、領土は峻嶮であります。政治は厳格であり、信賞必罰が行われています。人々は譲ることを知らず、誰もが闘争心に溢れていますので、功を焦って自分勝手に戦おうとします。したがって、この秦軍を打破するには、まず利益になるものを目の前に示し、それから軍を退却させます。そうすれば、敵軍の兵士は功を焦り、自分の部隊から飛び出すでしょう。この機に乗じて伏兵を展開すれば勝機が訪れ、敵の将軍を捕らえることができます。

楚人は軟弱な性格であり、領土は広大です。政治は乱れ、民衆は疲弊しています。したがって、楚軍は秩序を保とうしても、すぐに混乱してしまいます。

このような楚軍に勝利するには、本陣を急襲して陣営内を混乱に陥れ、戦意を奪うことです。そして、自軍を素早く進退させれば、乱れやすい楚軍は疲れ切り、戦う前に自滅してしまうでしょう。

燕人は誠実であり、民衆は慎重です。勇気や義理を大切にし、策謀を巡らすことはほとんどありません。したがって、守りは堅固そのものであり、陣営から逃げ出すこともありません。このような燕軍を攻めるには、急に接近戦を仕掛けたり、近づくように見せかけてすぐに退却したり、素早く追撃してくるかと思えば意外に緩慢な動きであったりするなど、こちらの意図がわからないように軍を展開させます。このようにすれば、燕将は当惑してしまい、燕兵は不安でたまらなくなります。わが軍の戦車や騎兵を伏せ、燕軍をやり過ごして後ろから奇襲すれば、敵将を捕らえることができます。

三晋は中央に位置する国です。穏やかな人々であり、公平な政治が行われているものの、民衆は戦いに疲れています。兵士は戦うことに慣れているため、

3．将軍を軽んじる一方、俸禄が少ないと不満顔であり、死を覚悟しているわけではありません。軍の威令は行き届いているように見えても、実戦では役に立たないでしょう。したがって、三晋軍を打ち砕くには、相手と対陣して圧倒することです。攻めてくれば防ぎ、退却すれば追撃します。このようにすれば、三晋軍の戦意は失われていきます。これが勢いというものです。

軍の中には必ず猛虎のような勇士がいます。重い鼎《かなえ》も軽々と持ち上げるほどの怪力の持ち主であり、軍馬よりも速いほどの俊足であり、敵軍の旗を奪い、敵将を斬ることも少なくありません。このような豪傑の兵士は抜擢して特別扱いとし、称賛して重んじ、全軍の命運を握る者と命名します。また、あらゆる武器を巧みに操り、腕力に優れ、動きも素早く、敵を圧倒する気概を持つ者は必ず優遇すべきです。その者によって必ず戦いに勝つことができます。その父母や妻子を厚遇し、その者に対する賞罰を明らかにすれば、戦闘に耐え抜き、堅固に守備する兵士となります。以上の通り、有能な兵士を注意深く扱うならば、自軍に倍する敵軍でも撃破することができます」

以上を聞き終えた武侯は、「よくわかった」と頷いた。

第2節

呉起はいう。

1. 敵情を分析するときには、占うまでもなく、戦うべき場合は八つある。

第一に、強風かつ厳寒にもかかわらず、敵軍が早朝に起きて移動し、あるいは河川の氷を割りながら渡るなど、強行軍を続けている場合である。

第二に、真夏の炎天下において、日が高く昇っても起きず、起きるとすぐに出発し、飢えや喉の渇きを訴えながらも遠方に行こうとする場合である。

第三に、軍が長期間戦場に留まっているために食糧が足りなくなり、民衆の間には怨嗟の声が高まり、奇怪な現象が頻発する一方、朝廷がこのような噂話が広がることを抑えられない場合である。

第四に、軍需物資が払底し、薪やまぐさも乏しくなり、雨天が続き、物資を略奪しようにもそのような場所がない場合である。

第五に、兵士の人数も多くなく、水の便や地の利も悪く、人馬はともに疲弊し、どこからも援軍の来る当てがない場合である。

第六に、行軍が長期にわたり、日暮れて道遠く、兵士は疲労と不安にとらわれて士気が衰え、食欲もなく、武具も脱いで休息している場合である。

第七に、指揮官に人望がなく、参謀も軽んじられ、将兵の結束も弱く、全軍がしばしば不安に駆られ、援軍もない場合である。

第八に、布陣が定まらず、宿舎も完成していない場合、あるいは急な坂道や険しい土地を行軍しても目的地まで半分も到達していない場合である。

以上のような場合は、攻撃を躊躇してはならない。

2. 占うまでもなく、最初から戦いを避けるべき場合は六つある。
第一に、相手の国土が広大であり、人口も多い場合である。

第二に、君主が民衆を愛し、君主の恵みが各地に行き渡っている場合である。

第三に、信賞必罰が公平に行われ、時宜を得て実施されている場合である。

第四に、功績に応じて地位を与え、賢者や有能な者を抜擢している場合である。

第五に、兵士の人数が多く、軍備が整備されている場合である。

第六に、近隣諸国や大国からの救援が見込まれている場合である。

以上のことで相手に勝てないのであれば、戦争回避を躊躇してはならない。勝算があるならば攻撃することもあり得るが、勝算がなければ退却することである。

これらの点で敵にかなわないならば、戦を避けることをためらってはならない。絶対に勝てると見極めがついた上で進み、勝てそうもなければ退くことだ。

第3節

1. 武侯が呉起に問うた。

「わしは敵軍を外から見ただけで内情を知り、進軍の様子を見ただけで駐留する陣地の状況を察して戦うべきか否かを決めたいのだ。教えてくれるか」

呉起は次のように答えた。

「行軍が整然となされておらず、軍旗が乱れ、人馬が何度も後ろを振り返って状況を確認しているようであれば、一〇倍の敵軍にも勝てます。間違いありません。

同盟軍である諸侯がいまだに到着せず、君臣が相変わらず不和であり、陣地も完成しておらず、禁令も依然として発せられず、全軍が騒然として前進も後退もままならないようであれば、わが軍が敵軍の半数でも勝てますし、百戦しても負けることはありません」

2. 武侯は呉起に敵を必ず攻撃すべき場合を問うた。

呉起は次のように答えた。

「軍を動かすときには、必ず敵軍の防御の堅固なところと手薄なところを調べ、その弱みを攻撃することです。

敵軍が遠方から到着し、陣地もいまだ定まらないときには、すかさず攻撃します。

食事を終えて、まだ防御態勢が整っていないときも攻撃すべきです。

敵軍があちらこちらに駆け回っているときは攻撃すべきです。

敵軍が疲れ切っているときには攻撃すべきです。

敵軍がいまだに有利な地点を占拠していないときには攻撃すべきです。

敵軍が時の勢いを失い、有利な機会を逃しているときには攻撃すべきです。

敵軍の中で遠征のために遅れてきた部隊が休息できていないときには攻撃すべきです。

敵軍が河川を渡ろうとしてその半分が渡り終えたときには攻撃すべきです。

敵軍が険しい道や狭い道を行軍しているときには攻撃すべきです。

敵軍の旗が乱れているときには攻撃すべきです。

敵軍の陣営が何度も移動を繰り返しているときには攻撃すべきです。

敵軍の将校と兵士の間に亀裂が生じているときには攻撃すべきです。

敵軍が恐怖心に襲われているときには攻撃すべきです。

以上のような場合には、精鋭部隊を組織して敵軍を奇襲し、兵を分けて追撃部隊を編成し、敵軍を激しく攻め立てることを躊躇してはなりません」

第3章 治兵(統率の原則)

第1節

1. 武侯が呉起に問うた。
「軍を動かすには、まず何をすべきであろうか」

呉起が答えた。

「まずは四軽、二重、一信を明らかにすべきでしょう」

2. 武侯が「それは何のことだ」と聞くので、呉起は次のように説明した。

「四軽とは、地が馬を軽いと感じ、馬が戦車を軽いと感じ、戦車が人を軽いと感じ、人が戦を軽いと感じるようにすることです。すなわち、地形の険しさや平坦さをよく見極めた上で馬を走らせると、土地は馬を軽く感じるでしょう。まぐさを適宜与えていれば、馬が戦車を軽く感じるでしょう。車軸に油を十分に差してやれば、戦車は滑らかに動き、人を乗せても軽く感じるでしょう。武器が鋭く、甲冑が堅ければ、人は軽い気持ちで戦いに臨むことができるでしょう。また、前進した者には重い褒美を与え、退却した者には重い罰を与えることを二重といいます。そして、この賞罰を厳正に行うことを信といいます。これらのことを実行できれば間違いなく勝ちます」

3. 武侯が呉起に問うた。

「戦争では何が勝利を決するのか」

呉起が答えた。

「軍の統率次第であります」

武侯が「兵士の多寡ではないのか」と聞くので、呉起は次のように説明した。

「もし法令が明らかではなく、賞罰も公正さを欠き、戦場で鉦《かね》を叩いても止まらず、太鼓を叩いても進まないような軍では、百万人の大軍であってもまったく役に立ちません。いわゆる治とは統率の取れた状態のことです。具体的には、露営時には礼儀が保たれ、行動すれば威厳があり、前進すれば何人もこれを阻止できず、退却するときには追うことはできず、進退には節度が保たれ、左右両軍も指揮官の指示に従い、分断されても陣容が崩れることはなく、分散してもすぐに隊列をつくることができ、安全なときでも危険なときでも、将兵が一体となり、離れ離れで戦うことはなく、どれほど戦い続けても疲れを知らないということです。これほど統率の取れた軍を投じれば、天下無敵であり、名付けて父子の兵と申します」

第2節

1. 呉起はいう。行軍の際には、進退の節度を保ち、飲食が適切に行われ、人馬の力を消耗させないようにしなければならない。以上の三つが守られると、兵士は上官の命令に服することができる。兵士が上官の命令に服することができれば、軍の統率も保たれるのである。もしも進退に節度がなく、飲食が適切に行われず、人馬がともに疲弊しているのに休息が与えられなければ、兵士は上官の命令に従わなくなる。兵士が上官の命令に従わなくなれば秩序も乱れ、そのような状態で戦えば間違いなく敗北するであろう。

2. 呉起はいう。戦場とは死体が転がっているところだ。決死の覚悟で戦いに臨めば生き延びることもあるが、生きようともがけば逆に死に急ぐことになる。有能な将軍ならば、水が漏れて沈み始める船のなかで座り込むか、燃え盛る家屋のなかで横になるような決死の覚悟をしているものだ。だからこそ、智者がどれほど策謀をめぐらそうとも、勇者がどれほど果敢に襲いかかってこようとも、これらを相手に立ち向かうことができるのである。したがって、「軍を動かすに際し、最も避けるべきことは優柔不断である。全軍に災いをもたらすのは猜疑心である」と説くのである。

第3節

1. 呉起はいう。人は自らの力の及ばざる事態に直面して死に、自分ではどうにもならない事態に追い込まれて敗れる。したがって、軍を動かすには、まず指導と訓戒を施す必要がある。すなわち、一人が戦い方を学べば、十人がその恩恵を受け、十人が戦い方を学べば、百人がその恩恵を受け、百人が戦い方を学べば、千人がその恩恵を受け、千人が戦い方を学べば、一万人がその恩恵を受け、一万人が戦い方を学べば、全軍がその恩恵を受ける。

戦場の近くにいて遠方から到着する敵軍を待ち、余裕含みで敵軍が疲れ切るのを待ち、満腹の状態で敵軍が飢えに苦しむのを待つ。円陣を組むかと思わせて方陣を組み、座るかと思わせて実は立ち、前進するかと思わせてすぐに止まり、左に行くかと思わせて右に行き、前進するかと思わせて後退し、分散するかと思わせて集中し、集中するかと思わせて分散する。このように、あらゆる状況の変化に対応する術についてすべて習い覚えさせる。つまり、兵法を授けるのである。これが将軍の仕事である。

2.

呉起はいう。戦闘の訓練では、背の低い者には矛《ほこ》や戟《げき》を持たせ、背の高い者には弓や弩《ど》を持たせ、腕力に優れた者には旗を持たせ、勇猛な者には鉦《かね》や太鼓を持たせ、非力な者には雑用を担当させ、智恵深い者は参謀役に任じる。同郷の者で一つの組を構成し、五人組、十人組として連帯責任とする。一回目の太鼓で武器を整え、二回目の太鼓で陣形の練習を行い、三回目の太鼓で食事を急いで取り、四回目の太鼓で行軍の準備に入り、五回目の太鼓で行軍する。太鼓の音が揃ってから旗を掲げる。

3. 武侯が呉起に問うた。

「軍の動かし方には何か特別な方法でもあるのか」

呉起が答えた。

「天の竈《かまど》は避けるべきです。竜の頭もいけません。天の竈とは大きな谷間の入り口であり、竜の頭とは大きな山のふもとのことです。青竜の旗は左に、白虎の旗は右に、朱雀《すざく》の旗は前に、玄武の旗は後ろに、招揺《しょうよう》の旗は中央に掲げ、将軍はこの招揺の旗の下で指揮をとります。いざ戦うとなれば、旗を見て風の方向を見定め、順風ならば攻撃し、逆風ならば陣形を堅くして攻撃の時機を待ちます」

4. 武侯が呉起に問うた。

「軍馬の飼い方には何か秘訣があるのか」

呉起が答えた。

「厩舎を心地よいものとし、水や草を適当に与え、過度の満腹や空腹にならないように調整することです。具体的には、冬は厩舎を温かくし、夏はひさしで涼しくする。毛やたてがみをきれいに切り、蹄《ひづめ》を慎重に切り落とし、馬が驚かないように耳目を覆い、駆け方を教え、前進や停止を学ばせ、人に親しむように調教した後、はじめて馬を用いることができます。必要な馬具である鞍、面懸《おもがい》、轡《くつわ》、手綱などは緩みのないように装着します。およそ馬は仕事が終わる頃よりも、仕事を始めるときに問題が生じ、空腹のときよりも、満腹のときに何かと問題が起きるものです。日暮れて道遠しということであれば、時々馬から降りて休息を取らせることです。乗る人が疲れるのはともかく、馬を疲れされてはいけません。常に余力を持たせておき、敵軍の奇襲にも備えておくことです。以上のことをよくわかっていれば、天下を自由に往来できます」

第4章 論将（将軍論）

第1節

1. 呉起はいう。文武を統括できてこそ軍の将といえよう。剛柔を兼ねてこそ兵法である。およそ人々が将軍について論じるときには、常に勇気の面から見るものだ。だが、勇気だけでは将軍の力量を何分の一しか語れない。もとより勇者には戦いを軽く見る傾向がある。戦いを軽んじてその利害がわからないようでは、将軍としては力量不足である。

将軍には留意すべきことが五つある。第一に管理、第二に準備、第三に果断なる決意、第四に自戒、第五に法令の簡略化である。管理とは、大部隊を小部隊のようによく統率することである。準備とは、出陣した後はいつでも敵軍と戦う準備ができていることである。果断なる決意とは、敵軍と対峙すれば決死の覚悟をすることである。自戒とは、たとえ勝利した後でも、新たに戦いに臨むときには常に初心を忘れず、慢心しないことである。法令の簡略化とは、煩雑な法令を簡素化して人々が苛立たないように工夫することである。

君主より命令を受ければ、家人に別れを告げずにただちに出陣し、敵軍を撃破するまでは帰還のことを口にしないのが将軍たるものの礼節である。したがって、出陣の日には、死する栄誉は望んでも、生き恥を晒《さら》すことはない。

2. 呉起はいう。戦争には四つの好機がある。第一に士気による好機、第二に地の利による好機、第三に状況による好機、第四に兵力による好機である。百万人の大軍でも、全軍の将兵の士気が高揚するかどうかは、将軍一人の気力にかかっている。これを士気による好機という。狭くて険しい道や高い山の要塞があれば、たとえ十人の兵士でも千人の敵兵を防ぐことができる。これを地の利による好機という。間諜による工作活動を盛んにし、軽装備の兵士を神出鬼没に動き回らせることで敵軍を分散させ、君臣の間に亀裂を入れ、将兵が互いを非難するように仕向ける。これを状況による好機という。戦車は車軸の楔《くさび》を堅くして車輪がはずれないようにし、舟は櫓《ろ》や櫂《かい》が滑らかに動くようにし、兵士には軍事訓練を十分にさせ、軍馬は疾走できるようによく調教しておく。これを兵力による好機という。以上の四つの好機を理解しておくことが将軍の条件である。

加えて、威徳や仁勇が身についていれば、部下を統率し、民衆を安心させ、敵軍に脅威を覚えさせ、疑問が生じても果敢に決断することができる。さらに、命令を下しても部下がこれに違反することはない。このような将軍がいれば、敵軍もあえて攻撃を仕掛けてくることはない。このような将軍を得ることができれば、国は強くなり、逆に失えば、国は滅んでしまうであろう。このような将軍を良将というのである。

第2節

1. 呉起はいう。太鼓や鉦は耳で、旗幟は目で将軍の命令を伝えるためのものである。また、禁令や刑罰は心を通じて将軍の命令を伝えるものである。耳は音に反応するので、澄んだ音で伝えなければならない。目は色彩に反応するので、鮮明な色で伝えなければならない。心は刑罰に反応するので、厳罰を示して伝えなければならない。以上の三つの方法が確立されていなければ、その国は一時的な栄華を保とうとも、敵国に必ず敗北を喫することになる。したがって、「良将の指揮に従わない者はなく、良将の指示のもとで進んで決死の戦いを挑まない者はいない」といわれるのだ。

2. 呉起はいう。戦いの要点はまず敵将を徹底的に調べ、その手腕を見抜き、敵軍の陣形に応じて適宜対処すれば、労せずして戦功を挙げることができる。敵将が愚かで他人を簡単に信用するならば、罠に誘い出すことができる。強欲で名誉を軽んじるならば、容易に買収できる。定見のない日和見ならば、様々な術策を弄して心身ともに疲弊させることができる。敵将が裕福かつ傲慢であり、部下が貧乏で不満を抱えているならば、この両者の間を引き離し、互いに対する敵意を助長させることができる。敵将が優柔不断であり、部下の信頼を失っているようであれば、意表を突いて総崩れになるように仕向けることができる。敵兵が敵将を軽んじて故郷に帰りたい気持ちが高まっているのであれば、行軍しやすい道を塞ぎ、行軍が困難な道を開けておき、敵軍を迎撃して全滅させることができる。

進軍は容易でも退却が困難な場所では、まず敵軍を前に進ませ、その途中から攻撃すればよい。退却は容易でも進軍が困難な場所では、自軍から攻撃を仕掛ければよい。

敵軍が湿気のある低地に陣営を張り、水はけが悪い上に長雨が続いているのであれば、水攻めで溺れさせればよい。敵軍が荒涼たる沢地に陣営を張り、周囲には雑草や低木が茂り、強風が吹き荒れているようであれば、火攻めで焼き殺せばよい。敵軍が陣営地に久しく留まり、一向に動く気配がなく、将兵ともに覇気がなく、軍備も足りないようであれば、密かに近づいて奇襲攻撃を仕掛ければよい。

3. 武侯が呉起に問うた。

「敵軍と対峙しているのに、まだ敵将のことが何もわかっていない。それでも、敵将のことが知りたいときにはどうすればよいか」

呉起が答えた。

「身分の低い勇者に精鋭部隊を引率させ、敵将の力量を試してみましょう。部隊にはひたすら逃げるように命じ、相手に勝つようなことはさせず、敵軍の反応をよく観察します。軍として統率が取れているか、士気が高いかなどを確認します。また、敵軍が追撃してきても、あたかも追いつけないかのように見せかけ、あるいは有利な戦況であってもわざとそれに気づかない振りをしているようであれば、智将というべきであり、戦うべきではありません。

逆に、敵軍が騒々しく、旗幟は乱れ、兵士の動きは統率されておらず、隊列は縦横も整わず、脱走兵に逃げられることを恐れ、利益を見れば自分のものにしようとする。これは愚将というべきであり、相手が大軍であろうとも捕虜にすることができます」

第5章 応変（臨機応変）

第1節

1. 武侯は呉起に問うた。
「戦車は堅牢、軍馬は秀逸、諸将は勇猛、兵士は強悍《きょうかん》であるが、敵軍の奇襲を受けて隊列が乱れたとき、どのように立て直せばよいか」

呉起が答えた。

「戦場では、昼は旗幟や采配で軍を指図するものとし、夜は鉦や太鼓や笛などの鳴り物で指図するものです。采配を左に振れば軍は左に動き、右に振れば右に動きます。太鼓を叩けば前進し、鉦を叩けば止まります。笛を一度吹けば前進し、二度吹けば集合します。命令に従わなければ罰します。全軍が軍の威令に服し、兵士が命令通りに動くならば、戦えば強敵なく、攻めれば落とせない陣地はありません」

第2節

2. 武侯は呉起に問うた。

「敵が多勢であり、自軍が無勢であれば、どうすればよいか」

呉起が答えた。

「土地が平坦ならば戦いを避け、敵軍を険阻な土地に誘導するのがよいでしょう。このゆえに、『一の兵力で十の敵を攻撃するには、狭い土地ほどよい。十の兵力で百の敵を攻撃するには、険しい土地ほどよい。千の兵力で万の敵を攻撃するには、障害の多い土地ほどよい』と申します。今、ここに少数の兵士がいたとします。彼らが不意を突いて険阻な土地で鉦を鳴らし、太鼓を叩いて奇襲すれば、大軍であろうとも驚き、慌てふためくものです。したがいまして、『大軍を動かすときには平地が有利であり、寡兵を用いるときには狭い土地が有利である』と申します」

第3節

2. 武侯は呉起に問うた。

「敵軍が大兵力であり、武勇にも秀でており、大きな山を背にして険阻な土地に陣地を構え、山を右手、川を左手とし、堀を深く、防塁を高く築き、強弩で守備を固め、退却するときには山のように堂々と引き揚げ、進むときには風雨のように激しく進み、食糧の備蓄も十分であり、長期戦に入ってもわれらのほうが不利になってしまう場合、どうすればよいだろうか」

呉起が答えた。

「大変重要なご質問をいただきました。これは戦車や軍馬の問題ではありません。聖人の智謀の問題であります。戦車千両、騎馬兵一万騎を備え、これらに歩兵を加えた全軍を五軍に分け、各々の道に構えさせます。五つの軍が五つの道に布陣していれば、敵軍は必ず戸惑い、どこを攻撃すればよいのかわからないはずです。敵軍が守備を堅固にするならば、すぐに間諜を敵軍に送り込み、その戦略を探り出させます。

敵軍がわれらの望みを聞くならば、包囲網を解いて撤退すべきです。われらの望みを聞き入れず、わが軍の使者を切り捨て、交渉の文書を焼き捨てるならば、われらが五軍は同時に戦闘を開始します。戦いに勝とうとも、追撃してはなりません。勝てなければすぐに退却し、わざと敗走するように見せかけます。このように粛々と行動し、迅速に戦い、ひとつの軍は前方で交戦し、もうひとつの軍は敵軍の後方を分断し、さらに二つの軍は馬に轡《くつわ》を含ませ、静かに左右に動いて奇襲を仕掛けます。このようにして五軍が次々と戦いを展開すれば、必ず勝てるでしょう。これが強敵に対する攻撃法です」

第4節

1．武侯は呉起に問うた。

「敵軍がわが軍に接近して圧迫を加えており、退却したくても道がなく、兵士が大いに不安に思うときには、どうすればよいか」

呉起が答えた。

「その場合の対処法として、わが軍が多勢で敵が無勢ならば、わが軍を分散して敵軍を次々に攻め立てます。敵が大軍でわが軍が寡兵ならば、策略を講じて敵軍の弱点を狙い、絶えず攻め続ければ、大軍といえども降伏させることができます」

第5節

1. 武侯は呉起に問うた。

「不意に敵軍と渓谷で遭遇し、周囲は険阻な地形が多く、敵は多勢でわが軍は無勢ならば、どうすればよいか」

呉起が答えた。

「そこが丘陵地や森林、渓谷、深い山や大きな沼沢地であれば、ぐずぐずしないで、すぐにその場を立ち去ることです。高い山や深い谷で突然敵軍と遭遇したら、必ずまず太鼓を打ち鳴らして敵軍を驚かせ、その機に乗じて弓や弩を射放ちながら進軍し、敵兵を捕らえ、敵軍の状況をよく観察します。混乱を来しているようであれば、迷わずに追撃して仕留めることです」

第6節

1. 武侯は呉起に問うた。

「左右に高い山があり、周辺は狭いところで、不意に敵軍と遭遇し、あえて攻撃することもできず、退却もできないとなれば、どうすればよいか」

呉起が答えた。

「これを谷戦《こくせん》と申します。兵士が大勢いても役に立ちません。自軍のなかから武芸に秀でた者を選んで敵軍を攻撃させます。身の軽い精鋭部隊を前衛に立たせ、戦車や騎兵は四方に分散し、身を潜めさせて伏兵とします。敵軍との距離を数里に保ち、相手に気づかれないようにします。このようにすれば、敵軍は守備を堅固にするばかりで、身動きできなくなります。そこで、旗幟を打ち立て、山陰から外に出て陣営を張ります。こうなると、敵軍は必ず恐怖心を抱きますので、戦車と騎兵を出陣させ、休むことなく攻撃を続けます。これが谷戦の戦い方です」

第7節

1. 武侯は呉起に問うた。

「大きな沼沢地で敵軍と遭遇し、戦車の車輪はぬかるみに落ちて傾き、轅《ながえ》は水に没し、水は戦車に迫る一方、舟も備えておらず、進退窮まったときには、どうすればよいか」

呉起が答えた。

「これを水戦と申します。戦車や騎兵を用いてはならず、しばらく傍らに待機させておきます。高所に登り、四方を眺めれば、必ず水の状況がわかります。その幅の広いところと狭いところ、浅いところと深いところがわかれば、奇策を講じて敵軍を打ち破ることができます。敵軍が水を渡って攻撃してきたら、半ばまで渡らせてから攻撃を仕掛けます」

第8節

1. 武侯は呉起に問うた。

「長雨が続き、馬は水たまりに落ち、戦車も身動きが取れず、敵軍の攻撃を四方から受け、全軍が驚いて浮足立ったときには、どうすればよいか」

呉起が答えた。

「戦車を用いる場合、雨天や湿気のあるときには使用せず、晴天で乾燥しているときに使用し、高いところがよく、低いところでは避けます。優れた戦車を走らせ、前進や停止をするときには、必ず道から外れないようにします。敵軍が動いたならば、必ず追撃すべきです」

第9節

1. 武侯は呉起に問うた。

「凶暴な侵略者が急襲し、わが領土を略奪し、牛馬を強奪していくときには、どうすればよいか」

呉起が答えた。

「凶暴な侵略者が来襲するのは、必ず自らの強さを信じているからです。したがって、守備を固め、相手の挑発に応じてはなりません。日が暮れて退却するときには、戦利品を持っているので、必ず動きが鈍くなり、反撃されないかと内心恐れてもいますので、帰りを急ごうと焦り、隊列も乱れがちになります。そこで、追撃を仕掛ければ勝てるでしょう」

第10節

1. 呉起はいう。敵軍を攻めて城邑を包囲するには、やり方がある。城邑を落とした後は、それぞれその宮殿に入り、その財物を接収し、器物を収めよ。敵軍が陣営を張った土地では、樹木を切り倒さず、建物を荒らさず、食糧を強奪せず、家畜を殺さず、家財を焼き払ってはならない。このようにして、民衆に抑圧するつもりのないことを示し、降伏する者があれば、これを許して安心させることだ。

第6章　励士（兵士を激励）

第1節

1．武侯は呉起に問うた。

「厳しい刑罰や褒賞を与えることを示せば、間違いなく勝利できるであろうか」

呉起が答えた。

「信賞必罰のことは、わたくしもよくわかりません。しかしながら、刑罰や褒賞だけで勝利が得られるものではないことはわかります。そもそも号令を発して法令を伝えても民衆はこれに喜んで従い、軍を出動させても民衆を動員しても皆喜んで戦い、敵軍との白兵戦に突入しても喜んで死のうとする。以上の三つのことは君主が頼みとするところです」

2. 武侯は呉起に問うた。
「そのためにはどうすればよいか」

呉起が答えた。

「君主が功績を挙げた者を抜擢して饗応し、功績のなかった者を励ますことです」

3. そこで、武侯は宮殿の庭で宴会を設営し、臣下を三列に座らせてもてなした。上位の功績を挙げた者を前方の席に座らせ、上等の食器に上等の料理を用意して接待した。次位の功績を挙げた者は中ほどの席に座らせ、料理の数を少なめにした。功績のなかった者は後方の席に座らせ、料理は粗末な食器に盛られ、品数も少なかった。宴会が終わると、功績を挙げた者の父母妻子には、宮殿の門外で手土産を持たした。これも功績の内容で差をつけた。戦死者の遺族には毎年使者を送り、その父母を慰労し、その者の功績を忘れてはいないことを伝えた。これを三年間続けているうちに、秦軍が出陣して西河に進軍してきた。魏の臣下はこれを聞くと、命令を待たずして軍装を整え、秦軍を攻撃すべしと発奮する者が数万に及んだ。

4.

武侯は呉起を召して問うた。

「貴殿に教わった通りにやってきたが、どうであろうか」

呉起が答えた。

「人には短所と長所があり、戦意には高揚するときと喪失するときがあると聞き及んでいます。主上よ、試しに功績のなかった者を五万人招集してみてください。わたくしが彼らを率いて敵軍と一戦を交えてみましょう。これで勝てなければ、諸侯から笑われ、天下の覇権を失うことになります。しかしながら、お考えください。今、決死の覚悟をした賊が広い野原に身を伏せていたとします。この賊を千人で追いかけても、恐怖に駆られるのは追っ手のほうです。なぜならば、この賊がいつ襲ってくるのかわからないからです。したがいまして、一人が命を投げ出す覚悟があれば、千人を恐れさせることができます。今、この賊のようにして五万の兵士が秦軍に当たれば、必ずや勝利を手にすることができるでしょう」

5. そこで、武侯は呉起の言葉に従い、戦車五百両、騎馬兵三千人を用いたところ、秦軍五〇万人を撃破した。これこそ兵士を励ました結果である。戦闘の前日、呉起は全軍に次のような言葉を発して奮い立たせた。

「諸将、官吏、兵士諸君よ。戦車、騎兵、歩兵は敵軍のそれぞれを相手に奮戦せよ。万一、戦車隊の諸君が敵軍の戦車隊を打ち破れず、騎馬隊の諸君が敵軍の騎馬隊を打ち破れず、歩兵隊の諸君が敵軍の歩兵隊を打ち破れなければ、敵軍を打ち破ったとしても、皆功績はなかったものと思え」

かくして、戦いの当日には命令を下すまでもなく、魏軍の勢いは天下を震撼せしめたのである。

APPENDIX

II

Sun Tzu's Influence on Japanese Millitary Thought

日本の軍事思想における孫子の影響について

補遺

日本史によれば、吉備真備《きびのまきび》*1は中国に十九年間（七一六年〜七三五年）滞在した後、多数の書物を持ち帰ったが、そのなかに『孫子』があったという。『続日本紀』*2には中国の政治書や歴史書からの引用が掲載されているが、そのうちのいくつかは『孫子』からのものである。また、『続日本紀』によれば、七六〇年以前に、吉備真備は『孫子』を参考にしながら武士に兵法を教えていた。

もっとも、日本はかなり昔から中国古典に数多く触れているので、もともと兵法に関係す

*1 六九三年〜七七五年
*2 編纂年は七九七年とされる。

る書物にも通じていたのかもしれない。例えば、『日本書紀』巻第十七は継体《けいたい》天皇の御代について記述しているが、五一六年、「五経博士（儒家の経典である五経〔『詩経』『書経』『易経』『礼記』『春秋』〕を教える官職）」が百済から来日したとある。日本はそれ以前から百済と定期的な文化交流を続けていたことから、中国文化も相当浸透していたであろう。

英国の歴史学者ジョージ・サンソムによれば、日本と中国の関係はすでに後漢の時代に確立されていた。二三八年から二四七年の間、日本から派遣された外交使節団は後漢が朝鮮半島に設置した出先機関である楽浪郡を訪れており、四二一年から四七九年の間には日本の使節が訪中している。これらの使節に共通する目的は、中国の知識や技術を手に入れることであった。当時の日本人も現在と同じように好奇心が旺盛であり、古代の中国渡航者は写本だけでなく、実用的価値、芸術的価値のある品々も持ち帰ったのである。

五二七年、継体天皇は豪族の物部《もののべ》麁鹿火《あらかび》を将軍に任じた際、孫子の「民衆の死生や国家存亡の行方は偉大な将軍次第である」[*3]という言葉を引用したのは明らかである。更なる助言もあり、継体天皇は反乱鎮定の総指揮官を象徴する斧鉞《ふえつ》を麁鹿火に授け、当該地における賞罰権限の一切を委ね、「今後は一々こちらに決裁を仰ぐ必要はない」と付け加えた。[*4]これらの言葉は後世の編者によって継体天皇の口から出たものとされたかもしれないが、忠実な記録である可能性もある。

六〇八年、遣隋使が派遣された。残念なことに、日本の統治者への贈答品の在庫が払底していたが、写本もなかったのは間違いない。二二年後、二人の遣唐使が唐の朝廷を訪れ、間もなく唐の使節一人を伴って帰国した。六五四年には大型使節団が派遣され、五カ月滞在した後、数多くの書物や貴重品を持ち帰った。*5

したがって、七三五年に吉備真備が帰国する数世紀前に、古代中国の兵法書はすでに日本人(少なくとも一部の日本人)には知られていたと確信している。

八九一年、藤原佐世《ふじわらのすけよ》が撰した『日本国見在書目録《にほんこくげんざいしょもくろく》』には、六種類の『孫子』が記載されている。それから一世紀半を過ぎた頃、源義家(一〇三九~一一〇六)は、孫子の教えを応用したことで兵法家としての名を挙げている。

十二世紀において、戦略と戦術は源氏と平氏の双方で研究され、最も有名な古代中国の兵

*3 英国の日本学者ウィリアム・ジョージ・アストン英訳『The Nihongi』(日本書紀)第二巻十六ページ
*4 前掲書
*5 前掲書第二巻二四七ページ

法書は『孫子』であった。(中略) 武道が文道を駆逐したように、これらの兵法書も支配層が信奉していた正統派の書物に取って代わられた。興味深くも悲しいことであるが、戦争に対する考え方について、彼らは自分の師の教えを捨て、日本人独自の道を歩むことを迫られたのであろう。[*6]

源義経は当時の武士として著名な存在であった。十一歳の頃、牛若丸(義経の幼名)は落《らく》魄《はく》した源氏の再興を果たすことを誓った。牛若丸を託された寺の僧は仏門に入る修行をやらせてみたが、牛若丸が一向に熱意を見せないことから、とても僧侶にはなれないと見た。[*7] そこで、僧はこの若者が道を踏み外さないようにするには卓越した中国の兵法書『孫子』を読ませるしかないであろうが、この書物は彼のためになるとも考えた。実際、牛若丸はこれにのめり込むようになったのである。[*8] 歴史学者マードックは、後に偉大な武将に成長した牛若丸をナポレオンになぞらえ、「敵将の精神力と徳性と指導力の有無を見極める洞察力は的確である」[*8]と評している。この洞察力に加え、計算された豪胆さ、権謀術数、陸戦や海戦での戦闘術にも優れていた。二十四歳の頃には、孫子という偉大な軍師の立派な弟子に成長していたのである。

十三世紀から十四世紀にかけて編纂された軍記物語では、武道が文道を駆逐した様子を描いている（当初、これらの物語は口承文芸または歌物語として伝わり、十四世紀後半に至るまで文章として記録されることはなかった）。その一つが十四世紀前半のことを描いた『太平記』である。これには中国の古典文学が十分に盛り込まれており、古代中国の著名な将軍も登場している。当時、古典の戦記物の写本はほとんど流布していなかったにもかかわらず、侍は明らかにその教えを叩き込まれていたのである。

中国古典（戦記物も含む）の写本をもとに教える師匠に巡り会えれば幸運であった。当時はこの写本自体が極めて稀有なものであり、写本に書かれている内容は対外厳秘の教えとされ、戦いを勝利に導く奥義を伝授される弟子はさらに限られていた。ある者たちが密かに集まり、「鎌倉幕府を打倒するにはどうすればよいか」と謀議を巡らせたという話がある。

彼らはこのように考えた。

「他者の注意をそらすには、特段の目的もなく頻繁に集まってはどうか」

そこで、当時の著名な学僧であった玄恵《げんえ》法印《ほういん》に唐の代表的文人である韓愈《かんゆ》の全集を講話

*6 ジョージ・サンソム著『A History of Japan to 1334』（一三三四年までの日本史）二六九ページ
*7 スコットランドの歴史学者ジェームズ・マードック著『A History of Japan』（日本歴史）第一巻三六二ページ
*8 前掲書三五六ページ

してもらえないかと懇請した。そうすれば、文学好きの集まりに見えるであろうと考えたからである。玄恵法印は彼らが倒幕を計画していることなど夢にも思わなかったが、毎回集まるたびに、不可解な意見が交わされ、各人の思いが明らかになっていたのである。

韓愈の全集のなかには、「昌黎《しょうれい》（韓愈のこと）、潮州に左遷される」ときのことを詠んだ七言律詩も含まれていた。この律詩を聞くに及び、彼らはささやき合った。

「この詩は不運を嘆くばかりで聞きたくない。むしろ『呉子』、『孫子』、『六韜《りくとう》』『三略』などの兵法書の著者こそ、正に今われらが求めている文人である」

ここに至り、彼らは玄恵法印と話し合い、韓愈の講話を聴くことをやめた。[*9]

この時代の英雄の一人は天台宗の首長である天台座主を務め、大塔宮《だいとうのみや》と呼ばれた護良親王《もりよししんのう》である。聖なる修行を謹厳な態度で続けながら、武功を挙げるために朝夕に鍛錬を積んだ人物である。この奇妙な人物は二メートル以上の垣根を飛び越える能力を身につけただけでなく、短編ではあるが門外不出の軍記物語も完全に理解することができた。[*9]

軍略家で武将の楠木正成《くすのきまさしげ》は、「謀《はかりごと》を帷幄《いあく》のうちにめぐらし、勝利を千里の外に決する」ことのできる人物であった。彼の助言は緻密だった。

領地を支配するためには大砲だけでなく、便利な小道具も必要である。勝利するには、相手の力に力で対抗するのではなく、（略）権謀術数を駆使して戦えば、恐れるものは何もない。[*10]

楠木正成は、「真の勇者とは難局に直面しても慎重な姿勢を保ち、行動する前に熟考する人間である」と喝破する。彼は策略の名人であり、得意な戦術は陽動作戦や遊撃戦であった。奇襲で敵軍を悩ませ、疲労させ、混乱させ、誤った判断を下すように仕向けたのである。「大軍と戦うのであれば、謀略戦を仕掛けよ」と説いた。また、士気の高さも極めて重視しており、「勝敗の行方は兵士の多寡に左右されるものではなく、戦う兵士の団結力次第である」と指摘している。[*11]

古代の年代記編者が描く残忍な戦いは、引き分けに終わることが多い。なぜならば、両軍ともに「孫子の説く千反《せんぺん》の謀《はかりごと》」に精通しているだけでなく、呉子の八陣《はちじん》の法にも通暁してい

＊9　前掲書三〇ページ
＊10　前掲書六九ページ
＊11　マードック著『A History of Japan』（日本歴史）第一巻一五七ページ

る」[12]からだ。一方、孫子は「千反の謀」を説いておらず、呉子も「八陣の法」を論じていないことに気づかれるかもしれない（いずれも三国時代の有名な軍師である諸葛孔明のものとされている）。それはともかく、中国古典から無作為に選び出したこれらの例は、中世日本の武士階級が中国の諸兵法家から多大なる影響を受けていたことを示している。

一四六七年から一〇年間にわたる応仁の乱は、戦国時代を導き、世相は徳川時代が確立するまで乱れ続けた。

確かに、国内では戦国の世が果てしなく続いていたが、その一方では、「戦争」は単なる戦場での作戦命令や軍隊の運用よりもはるかに重要な意味を帯びていた。なぜなら、当時の「戦争」は、『孫子』のような中国の兵法書が説く原理原則に基づいて展開されていたからだ。ごく限られた範囲ではあるが、これらの兵法書はその教えを身につけた者の座右の書となっていた。夜になれば、城内において（ときには中国人の）師匠が教えを求めて集まった侍たちに兵法書を読み聞かせたであろう。

ちなみに、中国の兵法家に似た存在としては、スイスの軍事学者アントワーヌ＝アンリ・ジョミニやプロイセンの戦略家カール・フォン・クラウゼヴィッツが挙げられるが、この二人は主に戦争の原理原則よりも、戦争が狡猾極まりない政治の最悪の形態であることを説いている。また、イタリアの政治思想家ニッコロ・マキャヴェッリは悪名高い『君主論』第十八章で誠実と狡猾に関して皮肉で最低な内容を書いたが、中国古典が諜報活動の下劣さについて語る率直で重たい言葉の前では影が薄い。孫子の説く諜報活動の章は卑劣すぎて言語道断であり、胸が悪くなるほどだ。

だが、当時の日本における「戦争」の様態を理解しようと思う人は、この特別な章を注意深く読み解く必要がある。たとえば、当時の欧州における公衆道徳の水準は恐らく現在のイタリアよりも低い場合が多いであろう。好意的な解釈になるが、日本の戦い方に他国とは明らかに異なる点があるとすれば、それは中国古典の影響を受けすぎたためであろう。[*13]

十六世紀の日本には織田信長、豊臣秀吉、徳川家康、武田信玄という四人の有名な武将が出現したことで注目に値する。彼らは特異な性格と非凡な才能を持ち合わせ、その功績は日本史上の伝説として称賛されている。彼らの軍事的偉業の詳細はともかく、その成功はいずれも

*12 前掲書二二三ページ
*13 前掲書六三〇～六三一ページ

中国古典の兵法書の教えを身につけたことと大いに関係がある。徳川家康は、彼が死去した一六一六年から二五二年間も直系の子孫が代々将軍職を務めた。若い頃は武将兼禅僧の太原《たいげん》雪斎《せっさい》から禅寺で教育を受け、兵法書の教えを学んだ。二十歳になる前に将軍となり、その数年後には織田信長から武勇を認められている。*[14]

一五九八年、それまで仕えていた豊臣秀吉が死去すると、徳川家康は堂々たる日本の支配者となり、古代中国の書物に対する関心を思うままに満たすことができるようになった。また、学びへの道は書物を通じて開かれるものであり、書籍の刊行は仁政に最も必要であると確信していた。*[15]

徳川政権樹立直後、家康は兵法書など漢籍の刊行を命じた。これらは家康の座右の書であった。七十三歳で死去する直前には、完全な新版を刊行するように手配していた。この卓越した将軍は、戦《いくさ》は駆け引きのようなものであり、駆け引きは戦のようなものであると喝破し、*[16]兵法と和平工作は政治の両面であることを経験から学んでいた。

家康の長年にわたる好敵手の一人は一五七三年に没した武田晴信《はるのぶ》（信玄）であり、殺伐とした戦国の世において最も残虐な武将の一人であったかもしれない。だが、三十歳の頃、剃髪して禅僧となり、ついには「大僧正」の地位に至った。

信玄は沈思黙考する学者肌であるが、謀略の達人であり、戦場における優れた指揮官でもあった。また、天下に覇を唱えるためには、人の道を外れる所業も許した。たとえば、暗殺は敵を葬り去るのにまったく正当な手段であると考えていた。一五七〇年、信玄は家康に暗殺者を放ったが、家康は虎口を脱している。

この大僧正は罪人を煮殺すための大釜を三つも陣営に備えていたという世にも稀な人物であったが、軍旗には孫子の言葉である「疾如風、徐如林、侵掠如火、不動如山」（疾《と》きこと風の如く、徐《しず》かなること林の如し、侵掠すること火の如く、動かざること山の如し）が記されていた。

当時の信玄の好敵手であった上杉謙信（一五七八年没）も禅僧であり、若い頃から中国古典の兵法書を身につけ、孫子の教えを家臣にわかりやすく説いていた。

生を必するものは死し、死を必するものは生く。（中略）命を捨て死を受け入れることに躊躇する者は、真の武士とは言えぬ。

*14 英国の東洋学者アーサー・リンジー・サドラー教授著『The Makers of Modern Japan』八〇ページ
*15 前掲書三一一ページ
*16 前掲書五〇ページ

知る限りでは、日本人で『孫子』の注釈書を最初に出したのは林羅山《はやしらざん》（一五八三年～一六五七年）である。その著作は『孫子諺解《そんしげんかい》』といい、一六二六年頃の作である（ちなみに、一六〇六年には慶長版として知られる『武経七書』が注釈なしで出版されている）。羅山は朱子学の権威であり、当時では最も多作な作者の一人であったと思われる。十三歳で唐宋の詩に精通し、二十一歳で儒学を教えている。

羅山は、和戦両様の兵法に通じることが重要であると説いている。

「平時の兵法に通じていても、戦時の兵法を知らなければ、勇気に欠けることになる。逆に、戦時の兵法に通じていても、平時の兵法を知らなければ、智恵を欠くことになる」[*17]

したがって、羅山自身は武士ではないが、国家の高官たるものは兵学を軽んじてはならないと固く信じていた。「文殊《もんじゅ》の化身」と呼ばれた羅山は、『孫子』を開くたびに、その言葉に心惹かれていたことは間違いない。その知性は子々孫々受け継がれていった。例えば、一六九一年、林信篤（鳳岡）が拝命した後も林家の学問所の長官である大学頭という役職は、一六九一年、林信篤（鳳岡）が拝命した後も林家が世襲し、明治維新まで将軍の相談役を務めている。

山鹿素行《やまがそこう》（一六二二年～一六八五年）は羅山の高弟であり、[*18]若輩ながらもすでに兵法の達人として高名であった。後年、武士道という倫理に関する概念を書物に書き残した最初の人間である。「武教」や「士道」に関する著作および兵学の大家としての名声に魅了され、「多くの侍が修養を深めようとして」[*18]素行に師事した。

（素行は）兵学に並々ならぬ関心を持ち、戦略、戦術、兵器、軍事情報収集に関する研究に没頭した。いずれも並みの中国人儒学者ならば小馬鹿にして一瞥もくれないような内容であった。[*19]

素行が書いた『孫子諺義《そんしげんぎ》』は、日本では『孫子』に関する卓越した解説書であると評価されている。

素行が亡くなった後、二人の高名な学者が登場し、『孫子』に注釈を施した。一人は一七一〇年に将軍の政治顧問に任じられた新井白石（一六五七年～一七二五年）であり、もう一

*17 角田柳作、ド・バリー、ドナルド・キーン著『Sources Of Japanese Tradition』（日本伝統の源泉）三三六ページ
*18 前掲書三九四ページ
*19 前掲書三九六ページ

人は荻生徂徠《おぎゅうそらい》（一六六六年～一七二八年）である。白石著『孫武兵法択《そんぶへいほうたく》』は二世紀半の間、重要注釈書として重んじられてきた。もっとも、後世の世評としては、徂徠著『孫子国字解《そんしこくじかい》』のほうが高い。徂徠は日本が生んだ大学者の一人であり、中国古典にも造詣が深く、ほとんど古代の先賢のような存在のようだと思われていた。没後百年経過しても、徂徠の注釈書に敢えて手を入れようと試みる学者はおらず、同書は今でも高く評価されている。

号である松陰のほうが有名な通称吉田寅次郎（一八三〇年～一八五九年）は、兵学師範の武士の家の養子となり、幼い頃から山鹿流兵学の熱心な弟子となった。

山鹿素行の武士道に関する教えは、（略）山鹿流の学派に受け継がれていった。また、素行は、中国古典の『孫子』が説く兵学の原理原則に通暁していた。[*20]

松陰は早熟な子どもであった。十歳の頃には藩主の前で御前講義を行ったが、中国古典から文章を適切に引用し、居並ぶ重臣たちを驚かせた。その四年後には『孫子』を定期的に講義するようになっていた。ある日、ある大名は松陰の講義に甚《いた》く感銘を受け、貴重な『武経七書』の写本をこの若い師範に贈った。

松陰は、孫子の言葉を用いて武士道の考え方を説いている。

将軍と兵士が死を恐れ、敗北せぬかと不安に怯えているなら、彼らは敗北し、死を迎えることは避けられない。だが、上は将軍から下は末端の歩兵に至るまで覚悟を決め、生き延びようとは思わず、その地に踏みとどまることだけを思い定め、全軍一体となって死と向き合うなら、死を迎えること以外は何も考えないであろうが、実際には最後まで生き続け、勝利を手にする。*[21]

この考え方は何世紀もの間で初めて与えられたものであり、第二次世界大戦の太平洋で戦った日本陸海軍の全階級の兵士は影響を受け、決死の覚悟をするようになったのである。一方、松陰は素行の「武教」や「士道」の考え方を常に説いたが、中国や太平洋における日本軍人の特徴的な行為を導いたのはこの考え方のせいであると責めるのは、的外れの最たるものであろう。

*20 前掲書六九六ページ
*21 前掲書六二一ページ

松陰は研究を経て何人もの先達と同じ結論に達した。すなわち、立派な武士たるものは古典も身につける必要があるとして、次のように書いている。

兵学を志す者は（儒学の）古典を修めることを怠ってはならない。なぜなら、兵器は危険な道具であり、必ずしも善用されるとは限らないからである。古典の教えを修めた者だけに武器を安心して委ね、仁義を実現するための武器として用いるにはどうすればよいのだろうか。暴力や混乱を抑え、野蛮人や略奪者を撃退し、人々を苦悩や苦痛から救い、民衆を差し迫った没落から守ることは、いずれも仁義の道に沿うものである。逆に、土地や財物を争い、他人に勝つための私闘に武器を用い、戦争の道具に使うことは、最悪の罪、最凶の悪事ではないのか。さらに、あらゆる敵に対して一定の勝利を収めるために攻防の兵法を学びながら、それを利用する際に従うべき原則を無視するのであれば、冒険主義的な戦争を仕掛けても大いなる不幸を招かずにすむと誰が断言できるであろうか。したがって、兵学を学ぶ者は古典の教えを修めなければならないのである。*22

松陰は決して保守主義者ではなかった。特に、日本には西洋の技術を習得することが必要であると考えており、米国のペリー提督が率いる船に乗り込んで米国への密航を望んだのである。結局、船には乗れたが、米国行きは拒まれた。このため、松陰は一年間の牢獄生活を余儀なくされた。

熱烈な国粋主義者の松陰は尊王攘夷派であり、倒幕運動に身命を賭していた。また、自らが信ずる仁義の道に基づく海外進出も考えていた。これらの教えのなかには、日本が松陰の没後五十年足らずの間懸命に打ち込みながら、結局は明治国家の終焉を導いた帝国主義的外交政策の萌芽が見られる。

一八五九年、松陰は二十九歳の若い身ながら老中暗殺計画を自供して処刑された。だが、松陰から多大な影響を受けた男たちは生き延び、明治維新を実現させる大立者になった。なかでも、木戸孝允は封建制の廃止を主導し、伊藤博文は明治憲法の制定に尽力し、山形有朋は近代日本の「陸軍の父」と称されている。*23

近代において最も高名な孫子の解説者は小宮山《こみやま》綏介《やすすけ》（一八三〇年～一八九六年）であり、慶應義塾大学文学科教授に就任し、中国古典を教えた。その講義内容は『支那文学全書』にま

*22 前掲書六二〇ページ
*23 前掲書六一七ページ

とめられている。

日本では、兵法の原理原則をビジネスに応用した内容のものを含め、百種類を超える『孫子』が刊行されているという。[*24] 加えて、特別な研究も数多く行われている。なかでも、陸軍中将の武藤章《むとうあきら》（戦犯として東京裁判で起訴され、死刑判決を受けた）が陸軍大学校の専攻学生時代に執筆した『クラウゼウヰツ、孫子の比較研究』は、軍上層部で広く読まれた。中国と同じように、日本でも孫子の教えは近代戦争を研究する上で有意義であると考えられていたのである。

日本軍は中国において数多くの戦略的な過ちを犯してきた。日本軍の戦略的欠陥に関する最も鋭い分析は、毛沢東が一九三八年に行ったものであり、内容は次の通りである。

中国の兵力に対する過小評価と日本軍閥内部に生じている矛盾のために、日本軍の指揮官は多くの誤りを犯した。例えば、兵力の逐次投入、戦略的協調関係の欠如、ある時期における主力部隊の分散、一部の軍事作戦における戦機の逸失、包囲網完成後の殲滅失敗など[*25]（略）。

また、当初の作戦が失敗すると臨機応変に対応できないことも日本軍の特徴である、と指摘している。例えば、わずかな占領地の確保に固執し、あるいは援軍の逐次投入を何度も繰り返すなどの例で明らかである。このような日本軍特有の過ちは是正されることなく、後年連合軍と対決したときにその代償を払うことになった。

ところで、日本軍は一九三七年に中国北部で宣戦布告をせずに攻撃を開始した。米国人がこのことを覚えていたら、近代史上最高の戦略的奇襲である真珠湾攻撃が日の目を見ることはなかったかもしれない。日本軍は、米国人とは歴史の教訓を学ばない連中であり、思慮もなければ詰めも甘く、しかも不用心である、という仮説を信じていた。そして、奇襲の成功により、その仮説は正しかったことが証明された。

だが、真珠湾攻撃は一時的な成功でしかなかった。本来の戦略的勝利は戦術的勝利に、最高の勝利のはずが平凡な勝利に色褪せてしまった。この奇襲攻撃により、米国人は日本を絶対に倒してやるとたちまち一致団結したからだ。事後の結果をろくに考えもせず、このような無

＊24 防衛庁防衛研修所戦史室長西浦進氏の私信に基づく。
＊25 毛沢東著『毛沢東選集第三巻』「抗日遊撃戦争の戦略問題」(Strategic Problems in the Anti-Japanese Guerrilla War) 一四ページ

謀な行動に出たのは、日本人が戦争の抑制を求める孫子の教えをそれほど身につけていなかったということである。

戦術面では、マレー作戦（英領のマレーとシンガポールへの侵攻作戦）は日本軍が孫子の教えを応用する絶好の機会であった。真珠湾同様、日本軍はマレーでも奇襲に成功した。この作戦では包囲戦術と敵軍の背後から奇襲する迂回戦術を駆使した。マレー半島を守備する英国軍はほとんど反撃することもなく、次々と陣地から撤退するばかりであった。

マレー半島攻略に際し、日本軍は地の利をうまく利用しながら、欺瞞作戦、陽動作戦、速攻作戦を巧みに組み合わせた。なお、西側の軍事専門家はほとんど注目しなかったが、日本軍は中国北部での軍事作戦（一九三七年～一九三八年）で同じような戦術を展開した。日本軍はこの過去の戦術を分析し、後年のマレー半島で同じような作戦を駆使して英軍を打破したのである。

だが、英米両国は戦争初期の手痛い敗北経験から教訓を学び、日本軍を凌駕する戦術を開発した。この新戦術は柔軟性に富み、南太平洋、南西太平洋、アラカン（現ミャンマーのラカイン州）、インド東部ナガ丘陵の各地域、米国スティルウェル将軍のビルマ作戦、英国軍のチンドウィン川からのラングーン奪回作戦などでその効果を発揮した。これらの作戦において、日本軍の兵士は頑強であったが、今や非正規戦を仕掛けてくる敵軍にはどうにも対応することができなかった。

したがって、日本人は孫子を熱心に研究してきたが、どうやら浅薄な理解にとどまったようだ。本質的な意味において、日本人は敵を知らず、己も知らなかったために、日本軍の作戦会議での検討や議論は客観性を欠いていたのである。また、次の孟子の言葉も忘れていたようだ。

したがって、当然ながら、小国は大国に勝てず、無勢は多勢に勝てず、弱者は強者に勝てないのである*26

*26『The Chinese Classics（中國古典名著八種）』（第二版）第一巻、一四六ページ

APPENDIX

III

Sun Tzu in Western Languages

西欧の『孫子』

補遺

一七七二年、西欧の言語に初めて翻訳された『孫子』の訳本がパリのディド社から出版された。この稀覯本のタイトルページは次の通りである。

中国の兵法（または、紀元前の異質な中国将軍が執筆した古代戦争論集）
軍隊の見習士官の必須試験に出る著作
皇帝に向けた序文：現皇帝の父、雍正帝《ようせいてい》に献じた軍人向け十訓
中国の軍事作戦、兵力展開、装備、兵器、器材を理解するための著作（初版）
仏語訳者：北京派遣の宣教師ジョセフ・マリー・アミオ

監修・出版：ド・ギーニュ氏

神父ジャン・ジョセフ・マリー・アミオは、トゥーロン（フランス南東部の港町）出身のイエズス会の重鎮であり、北京に長年滞在し、一七九三年に死去した。ところで、宣教師が職務とは関係のない翻訳に取り組んだのはなぜであろうかと問いたくなる。これに関しては、アミオ神父の説明によれば、ルイ十五世治世下に外務大臣などを歴任したアンリ・レオナール・ジャン・バティスト・ベルタンの命令により、兵法に関する中国古典の翻訳作業を始めたのだという。[*1] 外務大臣の命令を受け、敬虔なアミオ神父は、入手可能な書物の収集に着手した。彼の序文によれば、友人（おそらく改宗した中国人）が解雇された蒙古高官の私物の競売に参加し、西夏文字と満州文字で書かれた『武経七書』の写本を手に入れたという。中国語と満州文字を比較対照すれば自分の仕事に極めて有益であると書いているように、アミオ神父は満州文字の習得をそれほど難儀とは思っていなかったようだ。実際、翻訳作業については、次のように書いている。

そこで、私は字義通りの翻訳ではなく、中国の賢哲が戦争論を説いているかのように、中国兵法の考え方を伝えることにした。その際、仏語らしさを損なわず、しかも可能な限り原著の文体を保つように心がけ、比喩、多義性、謎、曖昧さの霧に包まれていた中国兵法の考え方がわかるように努めた。仏語訳の作業については、前述の西夏文字の書物が役に立っただけでなく、古代および現代の中国人評者の論考も参考になった。*2

この『孫子』の訳本はすぐに世の中の注目を集め、当時の論壇でも好評を得た。*3（衝撃を受けたという）ある匿名の評者は、この訳本には「偉大な兵学の要素がすべて備わっており、クセノフォン（古代ギリシャの軍人・歴史家）、ポリュビオス（古代ギリシャの歴史家）、サックス（フランスの軍人）の著作に匹敵する。この優れた著作を平凡な武官だけでなく、わが軍の指揮官を志す武官の手にも渡すことができるならば」、フランス王国に多大なる益をもたらすであ

*1 すなわち、中国や日本がイエズス会に疑いの目を向けていたのは、西欧人が思い込んでいるような根拠に乏しい誤解ではなかったということを示唆している。
*2 アミオ神父著『孫子』「訳者まえがき」
*3 『Esprit des Journaux（1772）』四八〜五九ページ、『Année Littéraire（1772）』第四巻二八九〜三一七ページ、『Mémoires de Trévoux（Avril, 1772）』一四四〜一七二ページ、『Journal Encyclopédique（1772）』第三巻三四二〜三五五ページ、第四巻二七〜四〇ページ

ろう、とまで高く評価した。特に、「若き貴族にはこの真の将軍の著作を集中して読んでもらいたい。孫子はテュレンヌ（フランスの元帥・戦略家）やコンデ（フランスの軍人）に比肩する人物である」とも語っている。一七七二年七月の『エスプリ・デ・ジュルノー』誌および『メモワール・ド・トレヴー』誌と『ジュルナル・デ・サヴァン』誌の評者は、内容の要約を集めただけとしていた。後日、評者は著作の内容に重複があり、編集にも不手際が目立つと批判している。

一七八二年、アミオ神父の解釈が『Memoires Concernant L'Histoire, Les Sciences, Les Arts, Les Moeurs, Les Usages, &C. Des Chinois: Par Les Missionnaires de Pekin（『中国の歴史、科学、芸術、風俗、習慣などに関する報告書』北京派遣宣教師著）』（ニヨン社が「王の特権」を得て出版した）シリーズ第八巻に改めて掲載された。

アミオ神父の尽力を評価する前に、中国古典の兵法書の仏語訳は存在しなかったということを念頭に置くと適正な判断が下せるかもしれない。これに続く関連図書もすべてアミオ神父の手になるものである。残念なことに、彼は通常の翻訳から逸脱するところが多かったため、正確な翻訳者の登場が望まれたのも仕方のないことである。何しろ孫子の書物に掲載されている評者の言葉は混同が著しく、これを解きほぐすのが一苦労であった。そのため、混乱を整理しようと思い、この努力家の神父は自分の解説を加えて訳すこともあったのである。その結果、できあがったものは翻訳本なのか、それとも解釈を加えた著作なのか、いずれともわからなくなったが、「詐欺同然」という汚名を着せられることはなかった。*4

十九世紀のフランスでは、中国の思想や文物はもはや十八世紀ほどの人気はなかった。フランス革命後は一九〇〇年まで『孫子』の参考文献を見出すことはできなかった。一九〇〇年八月、元駐北京フランス大使館付き陸軍武官コテンソンは、『ラ・ヌーベル・ルビュ』誌で古代中国の兵法書の著者を再評価する必要があると強調している。

「今日、中国高級官僚の戦略の将来像を解明するには、以前のように古典の著者を研究する必要がある」*5

コテンソンは「中国兵法の特色」として「敵軍を欺くために可能性のある手段をすべて検討する将軍の二枚舌」について何度も言及している。*6 また、フランス軍の指揮官にとって最も重要なことは、「中国の将軍による儀式ばった約束に騙されてはならない」と説いている。*6 だ

*4 ライオネル・ジャイルズ英訳『Sun Tzu on the Art of War』(孫子の兵法)序文七ページ
*5 『La Nouvelle Revue (Aug. 1900)』五五六ページ
*6 前掲書五六三ページ

が、中国古典の兵法書の新訳があれば役に立つであろう、という提案はしていない。

　中国古典の兵法書に関し、フランス軍指揮官の関心を集める努力がなされるまでに数十年が経過した。一九二二年、フランス軍のE・ショレ中佐が『L'Art Militaire dans l'antiquité Chinoise. Une Doctrine de Guerre bi-millénaire. Tiré de la Traduction du P. Amiot (1772)』(中国古典の兵法書、二千年前の戦争論、アミオ神父訳、一七七二年)という書名でアミオ神父の訳本を編集した。ショレ中佐は同書において、孫子、呉起、司馬穰苴《しばじょうしょ》の格言を主題ごとに分類し、自らはどれがよいと推奨することを避けながら、詳細に紹介した。「戦争」、「武器」、「兵数」、「士気」、「将軍」などの見出しを設け、アミオ神父の訳本を再読したのである。一九四八年、L・ナシンがアミオ神父の説明に注釈を加えたことで、「序文」と諸兵家の紹介に説得力が増した。

　一九五六年、ロジェ・ガロワ准将が著書『Lois de la guerre en Chine』(中国の兵法)(プレヴ社)のなかでアミオ神父の訳本を要約したことから、同神父は改めて脚光を浴びた。実は、この准将の著作は内容的にあまり整理されていない。また、古代中国の兵家は戦争において倫理と人道を重んじている、ということを中心に論じているのだが、これはまったくの的外れである。ガロワ准将はアミオ神父の解釈を前提に論じているが、その解釈は孫子の真意よりも神父としての考え方が色濃く反映されており、見当違いと言わざるを得ないからである。

奇妙なことであるが、現代フランスの中国学者は中国の兵法書に全く関心を示さない。例えば、東洋学者マスペロは著書『La Chine Antique』（古代中国）において、『孫子』は「取るに足らぬ兵法の小冊子にすぎない」と酷評しているが、これは戦争に関する中国の書物に対して偏見を抱いているか、表面的な知識しか持ち合わせていないことの表れであろう。*7

フランスの一流中国学者で中国古典の兵法書に興味を示す者はいない。だが、中国の兵法に関する学問を少しでも根気強く研究していたら、フランス軍がこの二〇年間で喫した軍事的大敗のいくつかは回避できた可能性がある。

一九〇五年、英国陸軍大尉E・F・カルスロップは、当時日本に滞在していた語学将校であり、『孫子』を英訳した。最初は『孫子』という書名で東京にて出版された。彼は間違いの多い日本語の書籍を参考にしており、一九〇八年には改訂版を出した。*8 一方、当時中国学者の大御所の一人とされた大英博物館東洋書籍部副部長ライオネル・ジャイルズはカルスロップの

*7 マスペロはこの著書（三二八ページと注記I）において、「この小冊子」は紀元前三世紀に置きとどめておくべきであり、孫臏《そんぴん》の著作も彼の「伝説的な先祖」も存在しないと指摘している。

*8 ロンドンのジョン・マレー社から出版された。

杜撰な翻訳を厳しく批判した。

一九一〇年、ジャイルズは『孫子』の英語版をロンドンで出版した。これにはカルスロップの訳書に対する罵詈雑言が散見される。ジャイルズには、この訳書が「杜撰極まりない」ように思えたからであろう。ジャイルズが新訳本の出版を引き受けたのは、「孫子には悪評よりも賞賛が与えられるべきだ」と考えたからだ。また、彼特有の謙虚な表現によれば、「どんなことがあろうとも、私には従来の訳本よりも上質なものに仕上げる責任があると思った」という。*9

ジャイルズの訳本がカルスロップのものよりも優れていたのは明らかであったが、他人を侮蔑するためにエネルギーを無駄に消費していなければ、もっと素晴らしい作品ができたのではないか。

一九一〇年以降、『孫子』の英訳本は三種類登場した。いずれも第二次大戦中に出版された。訳者はE・マシェル・コックス、シドニー大学のアーサー・リンジー・サドラー教授、鄭《てい》麐《りん》の三人である。いずれも広く流布することはなく、どれも満足できるものではなかった。コックスとサドラー教授は困難な状況下で翻訳に取り組んだ。サドラー教授はシドニー大学の日本古典学者であり、英訳作業は大急ぎで行われた。コックスは多くの章句を新たな文脈で入れ替えただけでなく、彼自身が作った特別な章に加えた章句もあった。鄭麐の英語の知識は初心者レベルだったので、彼の英訳本はほとんど価値がない。

一九一〇年、ブルーノ・ナヴァラが『孫子』を『Das Buch vom Kriege: der Militär-Klassiker der Chinesen』（兵法書：中国の古典的戦争論）[*10]という書名でドイツ語に訳した。著者にはこの訳本を論評する力はないが、「皇帝の戦争」におけるドイツの戦略と戦術を見れば、陸軍参謀の将校が孫子の説く軍事理論を知っていたとは思えない。

一九三七年、日本人の芦谷瑞世は『Wissen und Wehr（知識と防衛）』誌上で孫子に関する小論を発表した。西側の連合国には幸いであったが、ヒトラー、国防軍最高司令部（OKW）、陸軍総司令部（OKH）は誰もこの小論を読んでいなかったようだ。もし読んでいたら、ヒトラーは戦争の考え方を変えていた可能性がある。

『孫子』のロシア語訳は、一八六〇年には中国学者スレズネーフスキーが『中国将軍孫子が諸将に与えた教え』[*11]という書名で出版されている。一八八九年、ロシア連邦軍参謀本部の中

*9 ライオネル・ジャイルズ英訳『Sun Tzu on the Art of War』（孫子の兵法）序文八ページ。ジャイルズはカルスロップに対して毒のある批判を続けている。
*10 現在は入手不可。また、著者が申し込んだドイツの大学図書館はどこも利用不可であった。
*11『Voennyj Sbornik』（軍事誌）（1860）第十三巻

国専門家であるプチャタ教授は『Sbornik geograficheskikh, topograficheskikh i statistichekikh materyalov po Azii（1899）（アジア関連地理、地形、統計資料ハンドブック）』に「古代中国の将軍の注釈に見る兵法の原理」を寄稿した。[*12]

第二次大戦直後、ソ連の中国学の権威ニコライ・コンラッドは、総合的な論評と豊富な注釈を施した決定的な翻訳に取り組んだ。その後、ソ連の著名な理論家J・A・ラシン少将が序文を寄せたJ・I・シドレンコの翻訳本は東ドイツの国防大臣がドイツ語に再翻訳し、同国の士官学校に研究を命じた。

ライオネル・ジャイルズが英訳した『孫子』の存在は、米国ではそれなりに知られていた。実際、一九四四年には軍事思想論考集『Roots of Strategy』（英国海軍大将トーマス・フィリップス編集）に掲載された。エドワード・ミード・アール編著『Makers of Modern Strategy』（邦訳『新戦略の創始者』（山田積昭他訳、原書房））は、近代軍事思想の古典である。ちなみに、出版当時の米国は何世紀も孫子の熱心な信奉者であった日本と交戦中であったはずであるが、この本では孫子に触れることはなかった。

*12 第三十九巻

APPENDIX

IV

Brief Biographies of the Commentators

注釈者の略歴

補遺

曹操（一五五年～二二〇年）は、二一六年に後漢の献帝《けんてい》によって魏王を封じられ、二二〇年に死去した。二三七年には諡号《しごう》「武王」を贈られた。彼の息子曹丕《そうひ》が帝位につくと、諡号は「武王」から「武皇帝」に変わり、廟号は「太祖」（「魏」王朝の始祖という意味）とされた。

魏国の史書『魏書』にある曹操の伝記は、以下の通り『三国志』のなかで紹介されている。

太祖は国内を自らの手ですべて支配し、無数の悪党どもを片付けた。この掃討作戦は孫子や呉子の兵法を参考にし、状況に応じて奇策を仕掛け、敵を欺き、勝利を手にし、その千変万化の展開は神業のようであった。太祖自身一〇万余語を用いて兵法書を書き上げ、臣下の諸将は皆この新しい兵法書によって掃討戦に臨んだ。さらに、作戦では太祖自らが軍を差配し、これに従った者は勝利し、従わなかった者は敗北した。戦場で敵軍と対陣したとき、太祖は平然としたままであり、戦う気がないような風情であったが、いざ戦機と見るや、勝利に向けて戦意を一気に高揚させた。かくして、戦えば必ず勝ち、幸運による辛勝という例は一度もなかった。

太祖は人間というものをよく知っており、人物を見極める達人であり、欺瞞によって騙すことは難しかった。優れた人物眼を示す例としては、于禁《うきん》や楽進《がくしん》を兵卒から抜擢し、張遼《ちょうりょう》や徐晃を降将から重用し、いずれも太祖をよく補佐し、功を挙げ、名将に列した。また、低い身分から見出され、州の長官である州牧や郡の長官である太守に昇進した者も数知れない。このようにして、太祖は建国の大業を成し遂げた。

さらに、文武ともに盛り立て、軍を指揮すること三十余年の間、書物を手離すことはなかった。昼は軍略を考え、夜は経伝《けいでん》（経典とその注釈）を心に思った。高所に登れば詩歌を詠い、新詩を作れば管絃を用い、いずれも優れた歌に仕立てた。

太祖は才能、腕力ともに人並み外れていた。飛ぶ鳥を自ら射て仕留め、素手で猛獣を生け捕りにし、南皮（現在の河北省滄州市）では一日に六三羽の雉を射落とした。宮殿を建設し、器材を修理する際、完璧な仕上げとなる作業の手順書を作成した。性格は節度があり、質実を好み、後宮の女官には華美な刺繍を施した絹の衣服を許さず、侍臣の履物には色物を認めず、帷帳や屏風が破損すれば修繕し、寝床の敷き藁は暖を取るだけに用いられ、縁には装飾も施されていなかった。敵の城や町を攻め落とし、美しい物品や豪奢な財物を得てもすべて功績を挙げた臣下に分配し、武勲を慰労するためには千金も惜しまなかったが、武勲なき者には金品を一切与えず、四方からもたらされた献上品は臣下と分かち合った。太祖は当時の葬儀が無益かつ贅沢に過ぎているが、俗世間とは過剰に走るものであると考えていた。そこで、自らの葬儀に際しては事前に作らせた四つの衣装箱を自分とともに埋葬するように定めた。

一方、次の通り、この伝記には太祖を賞賛している文章ばかりではない。

だが、太祖は法の維持にかけては峻烈極まりないところがあった。臣下の諸将で自分よりも優れた作戦を考えた者には、機会を見つけて法に触れたことを口実に処刑した。怨恨があれば、旧知の人間であろうとも生き延びることはできなかった。処刑するに際しては、その者と対面するのが常であったが。たとえその者のために嘆き悲しみ、落涙しても、決して許すことはなかった。（『三国志』第一巻、一、一五〜一七ページ）

杜佑《とゆう》（七三五年〜八一二年）。万年県（現在の陝西省西安市）の出身であり、司徒や同中書門下平章事などの重職を歴任した。彼が編集した制度史『通典《つてん》』は、食貨（経済）・選挙・職官・礼・楽・兵・刑・州郡・辺防（国防）の九章で構成されている。岐国公《きこくこう》に封じられた。死後、太傅《たいふ》（天子の師という意味）の名誉的官職を追贈されている。

李筌《りせん》。（生没年不詳）兵書を執筆した唐代の学者。主著には『太白陰経《たいはくいんけい》』や『将略《しょうりゃく》』などがある。

杜牧《とぼく》（八〇三年〜八五二年）。万年県の生まれ。八三〇年頃、進士に合格。節度使《せつどし》の書記に昇進する。詩人として大成すると、杜甫（老杜）と区別するために「小杜」と呼ばれた。彼の伝記は、『新唐書』第一六六巻の彼の祖父杜佑の項目に付記してある。

梅堯臣《ばいぎょうしん》（一〇〇二年～一〇六〇年）。宛陵《えんりょう》（現在の安徽省宣城市）出身であり、宋代の著名な詩人である。一〇五七年、最高学府の国子監の教授である直講に任じられ、翌年には小試官（試験官）となった。唐代での仕事ぶりが評価され、『新唐書』の編纂にも尽力したが、完成前に死去した。梅堯臣は『孫子』に加え、『詩経』にもいくつか注釈を施している。彼の死後、著名な文人である欧陽脩《おうようしゅう》は死者に対する頌徳の言葉を捧げた。彼の伝記は『宋史』第四四三巻に記載されている。

王晳《おうせき》。宋代の学者。太原（現在の山西省太原市）の生まれ。天子直属の官である翰林学士《かんりんがくし》であった。文学方面では春秋時代の史書『春秋』に主たる関心を寄せており、重要な論説をいくつも残している。

張預《ちょうよ》。宋代の評者、歴史家。主著は『百将伝』である。これ以外のことは不詳である。

最後ながら、初期の注釈者である孟氏《もうし》、陳皥《ちんこう》、賈林《かりん》および何延錫《かえんし》の経歴に関しては、何も伝わっていない。

1・英語文献

ASTON, W. G. The Nihongi. Transactions and Proceedings of the Japan Society, Supplement I. London, 1896. Kegan Paul.

DE BARY, WILLIAM T., and others. Sources of Chinese Tradition. New York, 1960. Columbia University Press.

BAYNES, CARY F. The I Ching, or Book of Changes. The Richard Wilhelm Translation. London, 1951. Routledge & Kegan Paul.

CALTHROP, CAPTAIN E. F. The Book of War. London, 1908. John Murray.

CARLSON, EVANS F. Twin Stars of China. New York, 1940. Dodd, Mead & Co.

CHENG, LIN. The Art of War. Shanghai, China, 1946. The World Book Company Ltd.

DUBS, PROFESSOR HOMER H. (trans.) History of the Former Han Dynasty (3 vols.). Baltimore, Md., 1946, 1955. The Waverly Press.

------Hsün Tze, The Moulder of Ancient Confucianism. London, 1927. Arthur Probsthain.

------The Works of Hsün Tze. London, 1928. Arthur Probsthain.

DUYVENDAK, J. J. L. Tao Te Ching. The Book of the Way and Its Virtue. London, 1954. John Murray.

------The Book of Lord Shang. London, 1928. Arthur Probsthain.

FITZGERALD, C. P. China, A Short Cultural History (rev. ed.) London, 1950. The Cresset Press Ltd.

FUNG, YU-LAN. A History of Chinese Philosophy (trans. Bodde). Princeton, 1952. Princeton Unversity Press.

GALE, ESSON M. (trans.). Discourses on Salt and Iron. Sinica Leidensia, vol. ii. Leiden, 1931. E. J. Brill Ltd.

GILES, LIONEL (trans.). Sun Tzu on the Art of War. London, 1910. Luzac & Co.

GRANET, MARÇEL. Chinese Civilization. London, 1957. Routledge & Kegan Paul Ltd.

LEGGE, JAMES. The Chinese Classics. London, 1861. Trubner & Co.

LIANG, CH'I-CH'AO. Chinese Political Thought. London, 1930. Kegan Paul; Trench, Trubner & Co. Ltd.

LIAO, W. K. (trans.). The Complete Works of Han Fei-tzu. (2 vols.). London, 1939 (vol. i); 1959 (vol. ii). Arthur

Probsthain.
McCULLOGH, HELEN CRAIG. (trans.). The Taiheiki. A Chronicle of Medieval Japan. New York, 1959. Columbia University Press.
MACHELL-COX, E. Principles of War by Sun Tzu. Colombo, Ceylon. A Royal Air Force Welfare Publication.
MAO TSE-TUNG. Selected Works. London, 1955. Lawlrence & Wishart.
------Strategic Problems in the Anti-Japanese Guerrilla War. Peking, 1954. Foreign Language Press.
MEI, Y. P. Motse, the Neglected Rival of Confucius. London, 1934. Arthur Probsthain.
------The Ethical and Political Works of Motse. London, 1929. Arthur Probsthain.
MÜLLER, MAX F. (ed.). The Sacred Bookds of the East. (vol. xv) : The Yi King (trans. Legge). Oxford, 1882. The Clarendon Press.
MURDOCH, JAMES. A History of Japan (3rd impression). London, 1949. Routledge & Kegan Paul Ltd.
PAYNE, ROBERT. Mao Tse-tung. Ruler of Red China. London, 1951. Secker & Warburg.
RYUSAKU, TSUNODA, DE BERY, and KEENE. Sources of Japanese Tradition. New York, 1958. Columbia University Press.
SADLER, PROFESSOR A. L. The Makers of Modern Japan. London, 1937. George Allen & Unwin Ltd.
------Three Military Classics of China. Sydney, Australia, 1944. Australian Medical Publishing Co., Ltd.
SANSOM, GEORGE B.A History of Japan to 1334 (San II). London, 1958. The Cresset Press Ltd.
------Japan, A Short Cultural History (2nd impression, revised) (San I). London, 1952. The Cresset Press Ltd.
SCHWARTS, BENJAMIN I. Chinese Communism and The Rise of Mao (3rd printing). Cambridge, Mass., 1958. Harvard University Press.
SNOW, EDGAR. Red Star over China (Left Book Club Edition). London, 1937. Victor Gollancz Ltd.
TJAN TJOE SOM (TSENG, CHU-SEN). The Comprehensive Discussion in The White Tiger Hall. Leiden, 1952. E. J. Brill.
WALEY, ARTHUR. The Analects of Confucius. London, 1938. George Allen & Unwin Ltd.
WALKER, RICHARD L. The Multi-State System of Ancient China. Hamden. Conn., 1953. The Shoe String Press.

WATSON, BURTON. Ssu-ma Ch'ien, Grand Historian of China. New York, 1958. Columbia University Press.

2・小論と論説（英語）

BODDE, DIRK. Statesman, Patriot and General in Ancient China. New Haven, Conn., 1943. A Publication of the American Oriental Society.
CHANG, CH'I-YÜN. China's Ancient Military Geography. Chinese Culture, vii, no. 3. Taipeh, December 1959.
ETXRACTS from China Mainland Magazines. 'Fragmentary Notes on the Way Comrade Mao Tse-tung Pursued his Studies in his Early Days.' American Consulate General. Hong Kong, 191, 7 December 1959.
LANCIOTTI, LIONELLO. Sword Casting and Related Legends in China, I, II. East and West, Year VI, N.2, N. 4. Rome, 1955, 1956.
NEEDHAM, J. The Development of Iron and Steel Technology in China. London, 1958. The Newcomen Society.
NORTH, ROBERT C. 'The Rise of Mao Tse-tung.' The Far Eastern Quarterly, vol. xi, no. 2, February 1952.
ROWLEY, HAROLD H. The Chinese Philosopher Mo Ti (reprint from Bulletin of the John Rylands Library, vol. xxxi, no.2, November 1948).
SELECTIONS from China Mainland Magazines. 'Comrade Lin Piao in the Period of Liberation War in the Northeast.' American Consulate General. Hong Kong, 217, 11 July 1960.
TENG, SSU-YÜ. New Light on the History of the T'aip'ing Rebellion. Cambridge, Mass., 1950. Harvard University Press.
VAN STRAELEN, H. Yoshida Shoin. Monographies du T'oung Pao, vol. ii. Leiden, 1952. E. J. Brill.

3・書籍、小論、論説（英語以外の西欧言語によるもの）

AMIOT, J. J. L. Mémoires concernant l'histoire, les sciences, les arts, les mœurs, les usages, etc. des Chinois. Chez Nyon l'aîné. Paris, 1782.
ASHIYA, MIZUYO. Der Chinesische Kriegsphilosoph der Vorchristlichen Zeit. Wissen und Wehr, 1939, pp. 416-27.
CHAVANNES, EDOUARD. Les Mémoires historiques de Se-ma Ts'ien. Paris. Ernest Leroux.

CHOLET, E. L'Art militaire dans l'antiqité chinoise. Paris, 1922. Charles-Lavauzelle.
COTENSON, G. DE. 'L'Art militaire des Chinois, d'aprés classiques.' Les Nouvelle Revue. Paris, August 1900.
GAILLOIS, BRIG.-GEN. R. Lois de la guerra en Chine. Preuves, 1956.
KONRAD, N. I. Wu Tzu. Traktat o Voennom Iskusstve. Moscow, 1958. Publishing House of Eastern Literature.
------Sun Tzu. Traktat o Voennom Iskusstve. Moscow, 1950. Publishing House of the Academy of Science USSR.
MASPERO, HENRI. La Chine Antique. (Nouvelle éd.). Paris, 1955. Imprimerie Nationale.
NACHIN, L. (ed.). Sun Tse et les anciens Chinois Ou Tse et Se Ma Fa. Paris, 1948. Éditions Berger-Levrault.
SIDORENKO, J. I. Ssun-ds' Traktat über Die Kriegskunst. Berlin, 1957. Ministerium Für Nationale Verteidigung.

4・中国語文献

『戰國史』(楊寛著)、上海人民出版社、上海、一九五六年
『趙註孫子十三篇』(趙本學編註)、北洋陸軍學堂印書堂、北京、一九〇五年
『今譯新編孫子兵法』(郭化若編訳)、人民出版社、北京、一九五七年
『欽定古今圖書集成』(陳夢雷編纂)、一七三一年殿本複写版、中華書局、上海、一九三四年
『中國兵器史稿』(周緯著)、三聯書店、北京、一九五七年
『古今偽書考補証』(姚際恒著、黄雲眉補証)、山東人民出版社、一九五九年
『北堂書鈔』(虞世南撰)出版社不明、出版年不明
『史記選』(王伯祥選注)、人民文學出版社、北京、一九五七年
『司馬法』(司馬穰宜撰)、四部備要版、中華書局、上海、出版年不明
『孫子十三篇校箋挙要』(楊炳安著)北京大学学報(人文科学)第一号、一九五八年
『孫子集校』(楊炳安著)、中華書局、上海、一九五九年
『孫子』(孫武撰、孫星衍等注)、四部備要版、中華書局、上海、一九三一年
『孫呉兵法』(孫子、呉起著)、大衆書局、上海、一九三六年
『太平御覽』(李昉等撰)、商務印書館、上海、一九三五年
『通志』(鄭樵撰)、崇仁、謝氏彷武英殿本刊、一八五九年(ファックス版)

『通典』（杜佑撰）、崇仁、崇仁謝氏殿本刊、一八五九年（ファックス版）
『偽書通考』（張心澂編著）、商務印書館、上海、一九五七年
『呉起兵法』（呉起著）、四部備要版、中華書局、上海、一九三一年
『武經總要』（曽公亮等編著）、四庫全書版、商務印書館、上海、一九三四年

訳者あとがき

本書は元米国海兵隊准将サミュエル・ブレア・グリフィスがオックスフォード大学に提出した『孫子』に関する博士号論文を改訂したものであり、西側諸国では歴史的名著として高く評価されている。

古来『孫子』に解説や注釈を施してきたのは大半が学者であり、武人による例は曹操など数少ない。では、武人グリフィスがこの古典を解説できたのはなぜか。彼は第二次大戦において数々の受章歴を誇る歴戦の将軍であるが、退役後は米国外交問題評議会の研究員として中国軍事分野を分析する学究でもあった。恐らく、中国の歴史や思想および言語に精通した西欧の武人というのはグリフィスを嚆矢とするのではないか。

　グリフィスは若い頃から中国に関心を寄せていたようであり、戦前には南京の米国大使館で中国語通訳武官として勤務し、戦中はガタルカナルの地で日本軍と戦っている。彼が『孫子』に注目するようになったのは、第二次大戦中に毛沢東の率いる中国軍が日本軍を翻弄する様子を鋭く観察し、毛沢東の戦略哲学の根幹を知りたいと思ったからだ。ちなみに、日本軍も同じように孫子を熱心に研究していたはずであるが、毛沢東に苦戦を強いられることになったのは、「日本人は敵を知らず、己《おのれ》も知らなかったために、日本軍の作戦会議での検討や議論は客観性を欠いていた」からだと指摘している。

　一方、米国も朝鮮戦争では中国人民解放軍（中国人民義勇軍）に予想外に圧倒されてしまった。グリフィスはこの現実を忸怩たる思いで見ていたであろう。後年、米国はベトナム戦争に本格的に関与していくことになるが、中国の影響を強く受けているベトナムでは本格的なゲリラ戦に悩まされるに違いないと見通していた。その懸念があったからこそ、一九六三年に本書を世に問うたのである。米国は苦汁を舐めさせられた毛沢東や人民解放軍、ベトナムのゲリラ指導者（ホー・チ・ミン、ボー・グエン・ザップ将軍）などについて徹底的に研究し、その実態を把握して対策を講じる必要があったはずだが、遺憾ながら、結果的にはグリフィスの洞察は軽んじられたと言わざるを得ない。

グリフィス逝去の翌年である一九八四年、米国はベトナムでの不名誉な敗北を真摯に反省し、軍事力行使に関する留意点をまとめた「ワインバーガー・ドクトリン」を公表した（ワインバーガーはレーガン政権下の国防長官）。すなわち、軍事力の行使に際しては「①米国や同盟国の死活的利益に関係する場合に限ること、②勝利の意思表示として十分なる戦力を投入すること、③政治的軍事的目標が具体的に定義されていること、④目標と戦力の関係は随時かつ継続的に再評価すること、⑤議会と世論の支持があること、⑥最終手段であること」である。グリフィスは『孫子』と重なる点が多いことに泉下で苦笑しつつも安堵していることであろう。

末尾ながら、日経BP社出版編集委員の黒沢正俊氏にはこの名著を邦訳する機会をいただいた。ここに改めて深謝申し上げる。

二〇一四年九月吉日

漆嶋　稔

著者略歴

サミュエル・B・グリフィス（Samuel Blair Griffith）一九〇六～一九八三。米国ペンシルベニア州生まれ。元米国海兵隊准将。退役後は米国の外交問題評議会の研究員を務め、中国の軍事分野に精通していた。著書『北京と人民戦争』、『中国人民解放軍』、訳書『遊撃戦』（毛沢東著）ほか。

孫子（SUN TZU）司馬遷『史記』孫子・呉起列伝によれば、中国古代・春秋時代の武将・軍事思想家の孫武《そんぶ》（紀元前五三五年?～没年不詳）。「孫子」は尊称。異説によれば、戦国時代の斉の軍師・孫臏《そんぴん》。

訳者略歴

漆嶋稔（うるしま・みのる）一九五六年宮崎県生まれ。神戸大学卒業後、三井銀行（現三井住友銀行）入行。北京、香港、上海支店などを経て独立。訳書に『中国貧困絶望工場』『中国の赤い富豪』『市場烈々』（以上、日経ＢＰ社）、『心が鎮まる老子の教え』『心が鎮まる荘子の言葉』（以上、日本能率協会マネジメントセンター）、『ＦＲＢ議長』（日本経済新聞出版社）ほか。

グリフィス版　孫子　戦争の技術

二〇一四年九月二四日　第一版第一刷発行

著　者　サミュエル・B・グリフィス
訳　者　漆嶋　稔
発行者　高畠知子
発　行　日経BP社
発　売　日経BPマーケティング
〒一〇八-八六四六
東京都港区白金一-一七-三
NBFプラチナタワー
電話　〇三-六八一一-八六五〇（編集）
〇三-六八一一-八二〇〇（販売）
http://ec.nikkeibp.co.jp/

装丁・造本設計　祖父江慎＋柴田慧（cozfish）
製　作　アーティザンカンパニー
印刷・製本　中央精版印刷株式会社

ISBN978-4-8222-5041-6

『日経ＢＰクラシックス』発刊にあたって

グローバル化、金融危機、新興国の台頭など、今日の世界にはこれまで通用してきた標準的な認識を揺がす出来事が次々と起っている。しかしそもそもそうした認識はなぜ標準として確立したのか、その源流を辿れば、それは古典に行き着く。古典自体は当時の新しい認識の結晶である。著者は新しい時代が生んだ新たな問題を先鋭に捉え、その問題の解決法を模索して古典を誕生させた。解決法が発見できたかどうかは重要ではない。重要なのは彼らの問題の捉え方が卓抜であったために、それに続く伝統が生まれたことである。

世界が変革に直面し、わが国の知的風土が衰亡の危機にある今、古典のもつ発見の精神は、われわれにとりますます大切である。もはや標準とされてきた認識をマニュアルによって学ぶだけでは変革についていけない。ハウツーものは「思考の枠組み（パラダイム）」の転換によってすぐ時代遅れになる。自ら問題を捉え、自ら解決を模索する者。答えを暗記するのではなく、答えを自分の頭で捻り出す者。古典は彼らに貴重なヒントを与えるだろう。新たな問題と格闘した精神の軌跡に触れることこそが、現在、真に求められているのである。

一般教養としての古典ではなく、現実の問題に直面し、その解決を求めるための武器としての古典。それを提供することが本シリーズの目的である。原文に忠実であろうとするあまり、心に迫るものがない無国籍の文体。過去の権威にすがり、何十年にもわたり改められることのなかった翻訳。それをわれわれは一掃しようと考える。著者の精神が直接訴えかけてくる瞬間を読者がページに感じ取られたとしたら、それはわれわれにとり無上の喜びである。